DES GRAINES

DE

CROTON TIGLIUM

(Petit pignon d'Inde)

ET DE

CURCAS PURGANS

(Gros pignon d'Inde)

DES PRODUITS QU'ON EN RETIRE

RECHERCHES DE CHIMIE, PHYSIQUE, PHYSIOLOGIE, PHARMACOLOGIE,

ET MICROGRAPHIE.

Avec 28 figures dessinées par l'auteur

PAR

LE Dr A. VAUTHERIN

Prix : 1 fr. 50

PARIS

A LA PHARMACIE DE A. VAUTHERIN,

34, RUE LAFFITTE, 34.

—

1864

AVANT-PROPOS

Creusez toujours le même sillon.

Plus un sujet est connu ou a été traité, moins il est facile d'en parler sous un jour nouveau. Avant de commencer votre travail, vous devez apporter dans votre bagage la masse des connaissances acquises, des erreurs émises sur la matière. Puis, comment trouver quelque chose dans un terrain fouillé par tant de chercheurs expérimentés ?

Un sujet inconnu, au contraire, est comme une terre nouvelle, il suffit de voir pour en parler avec intérêt. — Celui qui va nous occuper se tient dans un juste milieu.

Le croton tiglium a déjà subi bien des travaux, bien des recherches, et cependant il n'a pas livré tous ses secrets. L'âcreté extrême répandue dans la graine lui sert d'arme défensive pour repousser les explorateurs qui cherchent à en dévoiler la nature.

Une théorie hasardée sur un *acide crotonique*, le nom de *crotonine* appliqué à on ne sait quelle substance, sont venus augmenter l'obscurité répandue sur cette matière. Et la saponification de l'huile de croton, qui passe pour augmenter la quantité d'acide crotonique, et par suite la puissance du médicament ?

Il est remarquable que le palais des auteurs ait été mis en défaut à ce point qu'ils ne soient pas d'accord sur les parties de la graine qui recèlent le principe âcre, qu'on ait nié son existence dans telle ou telle partie, tandis qu'une fraction de centigramme de l'embryon, de l'albumen, de la membrane interne, de la membrane externe, du testa (pulvérisé), de l'épitesta ou de la caroncule, suffit pour déterminer dans la bouche une ardeur bien caractéristique durant une ou plusieurs heures.

Seulement la promptitude et l'intensité de l'effet sont en rapport avec le degré de division des parties dégustées, et aussi avec la durée de leur séjour dans la bouche et leur peu de dispersion dans cet organe.

La fraîcheur et l'ancienneté de l'*huile de croton* ont été regardés tour à tour ou simultanément comme des causes d'activité .

Le manque d'énergie a été souvent et bien à tort attribué à son mélange avec l'huile de curcas, dont le prix de revient est le double de celui de l'huile de croton.

Les praticiens qui ont cherché à déterminer l'influence que les procédés d'extraction exercent sur cette huile y ont bientôt renoncé devant l'apparente variabilité d'action de ce médicament.

Sans prétendre dire le dernier mot sur toutes les questions, nous présenterons de suite quelques-unes de nos conclusions :

1° En fait d'acide crotonique, nous ne voyons qu'une huile volatile bien moins âcre que le produit suivant.

2° La résine âcre répandue dans la graine de croton est le vrai principe actif du croton tiglium ; une dissolution au $1/_{40}$ détermine une éruption.

3° C'est par l'emploi des dissolvants partiels (alcool, esprit de bois, etc.) qu'on obtient l'huile de croton la plus énergique.

4° La teinture *saturée* de croton remplacera de plus en plus en thérapeutique l'huile du même nom.

A la fin nous dirons quelques mots du curcas *purgans* et de son huile, qu'on a accusée à tort, croyons-nous, d'avoir servi à falsifier l'huile de croton.

TABLE ANALYTIQUE

EXPLICATION DES PLANCHES.

Planche I.

1 Graine de Croton vue de côté.
2   Idem   par la face ventrale.
3 Coupe longitudinale antéro-postérieure, coupe de l'embryon.
4   Idem   perpendiculaire à la précédente.
5 Graine aplatie, provenant d'une capsule biloculaire.
6 La même vue par l'extrémité caronculaire.
7 Graine double provenant d'une loge bisperme.
8 Coupe transversale de la graine vue au microscope à un grossissement
    de 5 à 600 diamètres.

    ec, couche colorée de l'épitesta.

    ei, couche inférieure ou lacunaire de l'épitesta, ses spirales.

    t, testa, composé de fibres brunes arquées du côté interne.

    tc, couche cellulaire tapissant la face interne du précédent.

    m, membrane interne renfermant des trachées ; à la face interne, les cel-
      lules aplaties y sont très-grandes.

    a a, albumen composé de cellules remplies d'huile dans laquelle se trouvent
      les grains amyloïdes.

    e, cotylédon de l'embryon.

9 (*ec*) Vue au microscope de la surface de la couche colorée ou superficielle
    de l'épitesta.
10 (*ei*) Couche profonde vue de la même manière, ses lacunes à parois spiri-
    fères.
11, 12, 13, 14. Cellules disjointes par une longue macération ; leurs parois sont
    gonflées, décuplées en volume ; les grains altérés tendent à sortir du li-
    quide huileux.
  La fig. 13 les montre en partie déjà logés dans la paroi ramollie.
15 Cellule écrasée entre 2 plaques, les grains ne sont plus représentés que par
    des amas de granules ; l'enveloppe cellulaire forme des plis.

Planche II.

1 Grains amyloïdes à demi écrasés.
2   Idem   décomposés par l'eau alcaline.
3 Différentes formes de grains altérés.
4, 5, 6 Croquis pour montrer la caroncule.
7 Cette figure fait voir la pseudo-germination de la caroncule.
8 (*m*) Vue en surface de la membrane interne (tegmen ; faisceau de trachées
    sur un fond de cellules.
9, 10 Graines de Cucas vue de côté et de face, proéminence de la caroncule.
11 Décantoir pour l'huile de croton.
12 Décantoir pour l'analyse, le tube intérieur ouvert aux 2 bouts et mobile
    dans un bouchon, on l'abaisse plus ou moins selon la profondeur du li-
    quide surnageant à évacuer.
13 Appareil *en pipe* pour lixiviation *per ascensum*.

PL. I

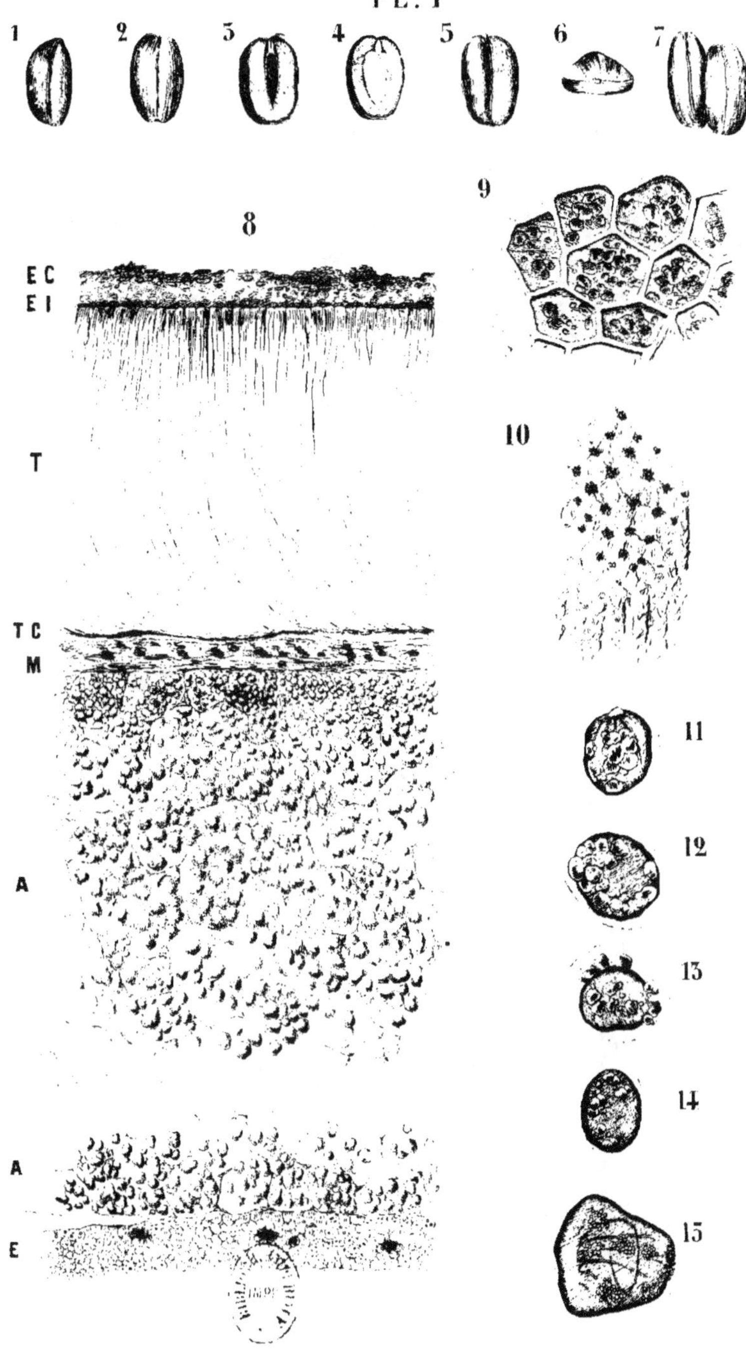
1
2
3
4
5
6
7
8
9
10
11
12
13
14
15
E C
E I
T
T C
M
A
A
E

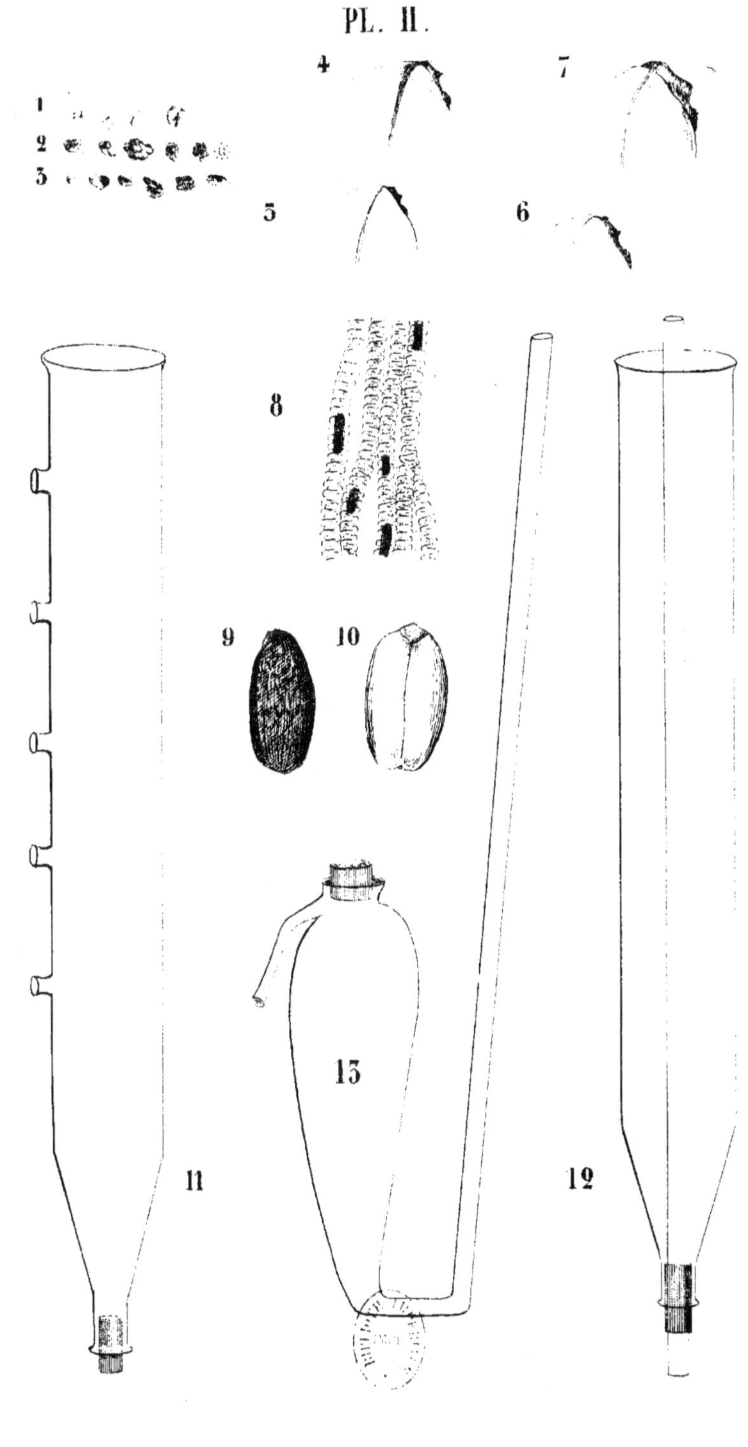

PL. II.
1
2
3
4
5
6
7
8
9
10
11
12
13

DE LA GRAINE

DE

CROTON TIGLIUM

(GRAINE DE TILLY, PETITS PIGNONS D'INDE).

Dans l'Inde, l'Indo-Chine, la Malaisie, habite un petit arbre euphorbiacé qui produit les graines dont nous allons nous occuper. (L'île Bourbon en a envoyé plusieurs échantillons à l'exposition permanente des Colonies.)

Comme le ricin, le croton tiglium a des fleurs monoïques, et un fruit capsulaire à 3 loges monospermes. Ces loges sont placées sur le même plan, autour d'un axe qui représente la tige.

Chacune d'elles occupe donc un espace qui peut être mesuré par un angle de 120°; la graine ovoido-quadrangulaire aplatie, qui remplit cette loge, présente, en rapport avec l'axe, un angle dièdre de même ouverture, et dont l'arrête est occupée par le raphé. L'angle externe ou dorsal moins accusé mesure 90° dans les graines bien développées; dans ce cas les angles latéraux sont de 75°. Leurs arrêtes sont occupées par une côte saillante qui s'accuse de plus en plus à mesure qu'elle s'approche de l'extrémité supérieure ou caronculaire, où elle cesse brusquement pour laisser la dépression de la caroncule. La saillie des angles latéraux, l'aplatissement antéropostérieur de la graine, concourent à diviser la surface totale de celle-ci en 2 parties : l'interne ou ventrale, l'externe ou dorsale, subdivisées chacune en 2 parties par un angle dièdre de même nom.

La surface dorsale, plus ou moins bombée, selon le développement de la graine, occupe environ une superficie d'un tiers plus considérable que la surface ventrale.

L'extrémité inférieure, plus arrondie que la supérieure, présente ordinairement une éminence pointue à peine visible, qui indique la chalaze. L'extrémité supérieure est creusée d'une petite dépression où se trouve une petite massette spongieuse qu'on appelle caroncule.

Dans un grand nombre de graines cette caroncule a été enlevée par le frottement; elle semble partager le sort de l'épiderme qui disparaît dans les mêmes circonstances. Il est rare qu'elle ait disparu entièrement dans les graines à épiderme intact. Pour s'assurer de la présence de la caroncule on plonge les graines dans l'eau pendant un jour ou deux, après ce temps on remarque qu'un certain nombre d'entre elles sont pourvues d'une espèce de pointe blanche semblable à un germe, c'est la caroncule qui s'est développée.

Quelques rares graines ressemblent à des grains de café; elles ont sur leur surface ventrale aplatie un sillon plus ou moins médian qui loge le raphé. Une capsule biloculaire leur a donné naissance.

On distinguera très-facilement les graines de croton de celle du ricin ou du curcas au moyen du tableau suivant.

	Croton.	Ricin.	Curcas.
Forme	Ovalaire, 4 angul., légèrem. aplatie.	Oval., plus aplatie que ses 2 congén.	Ovalaire, allongée, cambrée, aplatie.
Longueur	$0^m,012$.	Dep. $0^m,01$ pour la graine indigène jusq. $0^m,02$ pour l'éxotique.	$0^m,018$ à $0^m,020$.
Poids moyen	$0^{gr.},30$.	$0^{gr.},25$ (indig.).	$0^{gr.},75$.
Surface dorsale	Très-élevée, angle dièdre dorsal $\pm$ saillant.	Tout à fait aplatie, sans angle dorsal.	Aplatie ; l'angle dorsal n'est représenté que par une fine arrète.
Arrètes latérales.	Très-saillantes.	Nulle.	Nulle.
Coloration de la graine intacte..	Rouge-brique sale.	Marbrée de brun sur fond gris, etc.	Noirâtre, *gercée*, sur fond roux.
— dépourvue de l'épitesta	Noire.	(Épitesta permanent).	D'un roux d'amadou (colorat. de la couche prof. de l'épitesta).
Toucher de la graine	Doux.	Lisse.	Rugueux.
Largeur de la caroncule	$0^m,001$.	$0^m,004$ (indig.).	$0^m,005$.
Goûter	Chaleur âcre, poivrée, 2 minutes après.	Pas d'âcreté.	Pas d'âcreté.

Nous avons tenté plusieurs fois infructueusement de faire germer les graines de croton. Elles surnagent, quand on les plonge dans l'eau, quoique chaque partie de la graine, prise isolément, soit plus lourde que ce liquide. Les espaces vides qu'elles contiennent rendent compte de cet effet; ils se trouvent entre la coque et l'amande (cavité du péricarpe) et dans l'albumen (cavité de l'albumen). Ces espaces vides proviennent de la dessication spontanée de la graine, ils disparaissent quand elle est plongée quelque temps dans l'eau et qu'elle a gagné le fond. Il y a souvent dans la cavité du péricarpe une poussière jaune, verte ou noire : ce sont des spores ou des débris de *moisissures.*

Comment expliquer la présence de ces *mucédinées* dans une cavité si bien close? Leur mycelium a-t-il traversé le micropyle avant sa fermeture? mais alors la capsule était hermétiquement fermée. Ou bien dérivent-elles d'une *génération spontanée.* Quoi qu'il en soit de leur origine les graines qui ont été exposées à l'humidité dans les caves des droguistes y sont plus sujettes que les autres.

La végétation du champignon a détruit une partie de la membrane interne du péricarpe (tegmen), et déterminé des dépressions irrégulières sur l'amande. Si l'on prouve que celles-ci sont causées par un arrêt de développement plutôt que par l'action destructive du parasite, il serait prouvé que le champignon y existait avant l'entier développement de la graine. Ce fait constaté nous ferait faire un pas vers la solution de la question de l'origine de ces moisissures. (On en rencontre du reste dans la cavité du péricarpe de

– 17 –

beaucoup de fruits.) La cavité de l'albumen ne nous présente ordinairement ces moisissures qu'avec un embryon plus ou moins altéré par elles. Cette cavité communiquant avec celle du péricarpe, comme nous le verrons plus loin, il est facile de se rendre compte du passage des spores de la première dans la seconde.

DES DIFFÉRENTES PARTIES DE LA GRAINE.

Elles sont énumérées dans ce tableau avec leurs principaux caractères.

		Goût.	Coloration.	Aspect.	Cohésion.	Poids. gram.
Écorce ou téguments.	Epitesta.	âcre.	brique sale.	de couche de peint.	faible.	0,005
	Caroncule.	âcre.	id.	id.	plus forte.	0,0005
	Testa { entier.	nul.	noire.	corné.	forte (cass.)	0,075
	Testa { râpé.	âcre.	brique sale.			
	Tegmen.	âcre.	blanche.	membran.	faible.	0,002
Amande.	Albumen.	âcre.	blanche sale.	amygdalin	faible.	0,22
	Embryon.	âcre.	blanc.	foliacé.	faib. (frag.)	0,005

Comme on le voit par ce tableau la graine se compose de deux parties distinctes, l'écorce et l'amande.

L'*écorce* comprend en allant de dehors en dedans:

1° L'*épiderme*, que nous appelons *épitesta*, c'est l'*enveloppe externe*, jaunâtre, caduque. Comme appendice on peut y faire rentrer la *caroncule*, petit mamelon situé à l'extrémité supérieure de la graine. C'est dans l'épaisseur de l'épitesta qu'est creusé le sillon qui loge le raphé.

2° La *testa* ou coque proprement dite.

3° Le *tegmen* ou membrane interne, mince, blanche.

L'*amande* ou partie charnue de la graine comprend :

4° L'*albumen* ou sac embryonnaire, qui compose à lui seul à peu près toute l'amande.

5° L'*embryon*, petit végétal en miniature, renfermé dans la cavité du précédent.

ÉPITESTA (ÉPIDERME) ET CARONCULE.

Ces deux organes qui constituent la couche extérieure sont *sans adhérence intime* avec le testa sousjacent. En effet, lorsque celui-ci est dépouillé de son épiderme à l'aide d'un linge mouillé, il paraît net luisant, noir, sans aucune trace d'adhérence avec l'épitesta ou la caroncule.

Ils ont la même composition cellulaire, et de plus les mêmes propriétés physiologiques, avec cette différence qu'elles sont plus prononcées dans la caroncule.

Leur existence paraît liée l'une à l'autre, la caroncule ne survit pas à la chute de l'épitesta.

La poudre résultant de leurs débris constitue la *poussière de croton*. Cette poussière qui accompagne les graines se rencontre en grande quantité au fond des sacs qui les contiennent. C'est elle qui *montant au nez* y cause cette chaleur particulière, si particulière.

ÉPITESTA. Ce tégument se subdivise en deux couches : l'une superficielle, composée d'un lit de cellules plus colorées, qui donne à la graine la couleur rouge brique sale; l'autre, profonde et plus épaisse, composée de cellules ou lacunes tubulaires, à parois blanches, fort complexes, composées de spirales. C'est cette couche qui apparaissant après la chute partielle de la première, donne à la graine, par places, une coloration plus pâle. A la face ventrale de la graine, allant de la caroncule à la chalaze, se trouve un faisceau vasculaire, le raphé, dont le sillon est tracé dans l'épitesta sans atteindre le testa.

L'épitesta est mince et si léger que 1 kilogramme de semences pourvues de ce tégument n'en contient guère que 15 grammes.

Aussi l'huile de croton retirée des graines entières ne lui doit qu'une bien petite partie de son activité. Nous avons avalé 3 centigrammes de cet épitesta sans éprouver aucun dérangement intestinal.

Il est curieux qu'il y ait des expérimentateurs qui aient nié l'existence du principe âcre dans ce tégument. L'essai suivant, facile à répéter, démontre le contraire :

A 2 h. 40' après midi, l'épitesta de 2 graines obtenu par le raclage et pesant 0,005 est placé sur le bout de la langue et trituré avec les incisives.

A 2 h. 3' après une sensation âcre, poivrée, peu intense d'abord, se fait sentir à la partie postérieure des lèvres; elle va en augmentant pendant 1/4 d'heure.

A 2 h. 50' elle gagne le palais, le bout de la langue et même un peu la gorge.

A 4 h. l'âcreté a diminué à la lèvre inférieure et au palais.

A 4 h. 30' l'âcreté a bien diminué, derrière la lèvre supérieure elle paraît être dégénérée en une espèce de fourmillement.

A 6 h. cessation de toute sensation.

Le petit essai qui suit confirme le précédent et démontre que l'enveloppe externe (épitesta) quoique non détachée de la graine peut produire son effet sur les organes du goût au contact desquels elle est placée, tout en agissant plus lentement.

A 12 h. 7' une belle graine pourvue de son épitesta est placée dans le sillon extérieur à la mâchoire supérieure, entre celle-ci et la paroi buccale, au niveau de la première grande molaire.

A 12 h. 17' une chaleur poivrée se fait sentir sur la muqueuse en contact avec la graine. La graine est enlevée.

A 1 h. 7' la sensation poivrée diminue.

A 1 h. 20' elle a beaucoup diminué.

A 2 h. 47' elle a à peu près cessé.

CARONCULE. Située à l'extrémité supérieure de la graine, un peu du côté de sa face ventrale, elle se présente sous forme d'un mamelon ou d'une crête large à peine d'un millimètre.

Sa coloration est à peu près celle de la couche profonde de l'épitesta, c'est-à-dire jaune pâle. Elle est abondamment pourvue du principe âcre crotonique. En voici un exemple :

Deux caroncules pesant tout au plus 1/3 de milligramme et prises sur les graines sèches que nous procure le commerce furent triturées par les incisives à l'aide du bout de la langue.

En moins d'une minute elles produisirent sur les parties qui en furent touchées, l'âcreté crotonique, qui, en quelques minutes, se propagea au palais et aux lèvres.

2 h. après la sensation a perdu de son intensité et disparaît peu à peu. C'est sur les lèvres qu'elle persiste le plus longtemps.

La *caroncule placée dans l'eau* se développe considérablement; la partie intérieure fait hernie, sous forme d'une pointe blanche, à travers la couche externe. C'est un fait très-curieux. Sur la graine entière cette apparition simule la radicule d'un embryon qui se ferait jour à travers les téguments de la graine.

POUSSIÈRE DES GRAINES DE CROTON.

Lorsqu'on manie une certaine quantité de graines de croton sèches, ou qu'on agite le sac qui les a contenues, on perçoit d'abord une certaine odeur, comme poivrée; puis une sensation chaude désagréable se localise à l'entrée des fosses nasales. Pour s'en faire une idée il faut respirer du poivre répandu dans l'air. Cette sensation, qui met deux ou trois minutes à se produire, dure 3 heures quand elle est forte; plus, si elle est très-forte; moins, si elle est faible.

Nous disons sensation et non odeur, car l'olfaction, comme le goût, donne des perceptions instantanées qui disparaissent avec le corps qui les a produites.

Aussi peut-on placer sur le même rang toute âcreté perçue par la gorge, la langue, les lèvres, les gencives ; la sensation chaude poivrée accusée par l'entrée des fosses nasales. Comme la démangeaison ces sensations persistent après la disparition du corps qui les a déterminées ; il y a là un travail physiologique qui est peut-être le premier pas vers l'inflammation douloureuse. Dans tous ces cas, il faut 2 à 3' pour permettre à l'âcreté crotonique d'être perçue et 10 à 15' pour que l'effet soit arrivé à son summum d'intensité.

La cause de l'âcreté chaude accusée par les narines est due à l'existence d'une *poussière* qui accompagne toujours les graines de tilly, dans l'état où elles se trouvent chez les droguistes, et qui s'accumule au fond des sacs.

Par l'agitation des sacs ou des graines on répand dans l'air la partie la plus ténue de cette poussière, que la respiration entraîne dans les narines.

La *composition* de cette poussière est complexe ; on y trouve : l'épitesta, le raphé, la caroncule, et même du péricarpe du fruit, le tout plus ou moins trituré ; de la poussière terrestre qui, faisant l'effet d'une lime, a aidé à détacher l'épitesta, etc.

Ce produit est d'un gris fauve de terre, d'une *odeur de croton pilée*, mais plus faible. Pour percevoir cette odeur et éviter au nez la sensation crotonique, il faut flairer avec soin dans un air calme ; car il est peu hygrométrique, et la moindre agitation suffit pour le faire *monter au nez*.

Pour empêcher cet effet, les garçons droguistes appelés à transvaser les graines se garnissent de coton les narines. Pendant l'inspiration, l'air que le coton laisse passer se trouve filtré de la plus grande partie de la poussière crotonique qu'il contient, tandis qu'en cas d'insuffisance des narines ainsi obstruées, la bouche entr'ouverte leur vient en aide ou même les supplée.

L'intérieur de la cavité buccale, de même que la profondeur des fosses nasales, est peu sensible à l'action de la poussière qui peut être inspirée.

La poussière de croton ne fait jamais tousser, du moins pour ce qui me regarde, pendant une expérience de plus de sept ans.

Cela est à remarquer, mais ne doit pas étonner si l'on considère que le principe âcre crotonique produit surtout son effet à l'entrée des conduits naturels, là où l'épiderme a perdu sa résistance, et qu'il a peu d'effet sur les muqueuses sécrétantes, comme au plancher de la bouche, par exemple, où l'huile de croton même passe presque inaperçue. Comme on l'a vu plus haut, la sensation poivrée, chaude, déterminée par l'inspiration de l'air chargé de poussière de croton se localise à l'entrée des narines.

Plusieurs causes contribuent à cette localisation :

1° La présence de poils dans les narines ;

2° L'étroitesse du calibre des ouvertures nasales ;

3° La sensibilité physique de la couche épithéliale de ces parties.

Les *poils*, humectés par l'expiration, deviennent *col-*

lecteurs, et retiennent une grande partie de la poussière inspirée.

L'orifice de la gaîne de chaque poil se trouve doublement affecté, comme partie très-sensible et comme se trouvant directement en rapport avec la poussière retenue par les poils collecteurs.

Ceux-ci, gardiens constants des narines, jouent le même rôle pour toutes les poussières ; et cet effet est d'autant plus facile à constater, que la respiration est plus fréquente et que le nez est *mouché* plus rarement, comme cela arrive quand une maladie grave tient un sujet plus longtemps dans le décubitus dorsal. On voit alors les narines pulvérulentes, noirâtres, par l'accumulation de la poussière ambiante respirée.

L'*étroitesse* naturelle de l'entrée des narines force une grande quantité d'air à passer sur une petite surface ; l'effet doit être dix fois plus considérable que si la surface du détroit était dix fois plus grande, comme l'ouverture buccale par exemple.

La sensibilité physique de la couche épithéliale qui tapisse la cavité des narines est celle d'un épiderme privé en partie du contact des corps extérieurs et humecté de liquides animaux, comme celui qui tapisse l'entrée des cavités muqueuses ou glandulaires.

Il n'a pas la résistance de l'épiderme proprement dit, ni celle des muqueuses sécrétantes constamment lubréfiées.

La chaleur crotonique accusée par les narines est *rémittente ;* augmentant pendant l'expiration, elle diminue pendant l'inspiration. Il en est de même pour les lèvres lorsqu'elles sont atteintes, et que l'on respire par la bouche.

L'eau froide, simple ou contenant un centième de carbonate de soude, inspirée dans les narines, calme pour un moment le feu qu'elles ressentent. On éprouve du soulagement d'inspirer par le nez et d'expirer par la bouche. La raison en est que le froid, sous toutes les formes, calme, et que le chaud excite.

Plus les inspirations sont longues et répétées, plus l'effet bienfaisant est considérable, en ayant toujours le soin d'expirer par la bouche. Mêmes observations avec l'eau *reniflée*.

Il est à remarquer que lorsque la sensation crotonique nasale est très-intense, il faut exercer une certaine volonté pour respirer; instinctivement notre être semble craindre l'effet de l'expiration, et il la retient. Ce fait est excessivement intéressant au point de vue de l'étude des causes de la respiration spontanée, sans le concours de notre volonté.

La manipulation de la poussière crotonique ou des graines entières, le séjour dans un air chargé de cette poussière, n'affectent pas la peau, mais donnent de la chaleur poivrée aux lèvres, au bord libre des paupières et aux orifices naturels importants des autres conduits naturels ou accidentels, où les mains imprégnées de cette poussière peuvent la transporter. Là, en effet, la mollesse de la couche épithéliale, l'humidité de ces parties, offrent des conditions spéciales.

En mettant 1 p. de poussière et 2 p. d'alcool à

90 degrés, agitant de temps en temps pendant huit jours, on obtient une teinture jaunâtre, si on regarde le jour à travers, et brune-verdâtre à contre-jour. Un faisceau de lumière solaire projeté sur la teinture au moyen d'une lentille convergente y détermine la formation d'un cône lumineux verdâtre plus intense à sa base, qui est appuyée à la surface du liquide, qu'à sa pointe dirigée dans l'intérieur.

Cette apparence verdâtre qui apparaît dans certaines circonstances est un phénomène *de fluorescence;* elle se rencontre dans l'huile de croton avec les mêmes caractères. Il en sera reparlé à l'occasion de cette huile.

Avant d'essayer l'action de cette teinture, cette fluorescence donnait déjà à penser qu'elle contenait le principe âcre crotonique. En effet, appliquée à l'extérieur, elle cause une éruption, tandis qu'elle jouit d'une âcreté très-grande lorsqu'on en goûte la moindre quantité.

Évaporée spontanément, elle laisse déposer de petites *masses résineuses* verdâtres, ne contenant pas d'huile grasse. Une petite quantité de cette matière chauffée sur du papier ne le tache pas; elle poisse les doigts; brûlée, elle se boursoufle et brûle avec une odeur crotonique.

Un milligramme de cette substance résineuse mise sous la dent y a adhéré à la manière des résines, et ne détermine sur la langue l'âcreté crotonique que 10' après. Cet effet ne paraît pas en rapport avec la concentration présumée des principes que renferme cette matière.

Mais si elle est dissoute dans l'alcool au dixième, au vingtième, une parcelle de goutte détermine dans la bouche une ardeur considérable, et sur la peau une éruption.

Les anciens l'ont dit : « Corpora non agunt nisi so-« luta. »

Le TESTA ou deuxième couche tégumentaire de la graine forme la coque proprement dite ; c'est la partie résistante de l'écorce. Bien débarrassé de l'épitesta qui le recouvre il est d'un beau noir, sans aspérités à la surface externe.

A sa face interne est un revêtement de cellules blanches lâches qui lui donne une teinte mate blanchâtre.

La composition élémentaire est très-simple : c'est un seul lit de cellules fibreuses un peu arquées, brunes, placées côte à côte, perpendiculaires, à peu près à la surface de la graine. Ces cellules sont pleines, fortement soudées ; leur longueur est égale à la largeur de la coque. La cassure de celle-ci a toujours lieu dans le sens de la direction des cellules.

La pulvérisation donne une poudre jaunâtre.

Le testa n'est pas privé de principe âcre, comme on pourrait le croire. Pour s'en assurer, il faut prendre une graine entière, la débarrasser de l'épitesta avec un linge humecté ; quand il est devenu d'un beau noir luisant, on le racle avec un bistouri en ayant soin de ne pas intéresser la membrane interne. Sans ces précautions on s'expose à faire une expérience inexacte. Un centigramme de cette poudre ou raclure placée sur le bout de la langue y détermine après six à dix minutes une ardeur crotonique affaiblie, qui dure une heure au plus.

En croquant un fragment de testa bien préparé, on ne perçoit aucune sensation d'âcreté ou autre.

Le testa forme une enveloppe sans solution de continuité.

Le micropyle, à l'extrémité supérieure du testa, se voit sous forme d'un petit tubercule, déprimé à son sommet, mais fermé; de plus, il est recouvert par un prolongement de la caroncule. En sorte que l'on ne s'explique par la présence de mucédinées dans la cavité de la coque, si bien close.

Mais le testa se laisse pénétrer par endosmose ou par imbibition comme toutes les matières organisées.

Plongées dans l'eau, les semences entières au bout de vingt-quatre heures augmentent de près du cinquième de leur poids. L'amande prend la plus grande part à cette imbibition. Toutes les cavités disparaissent, et la graine se trouve pleine comme lorsqu'elle fut détachée de l'arbre.

Le testa en ignition, placé sous une flamme horizontale ou inclinée, de gaz hydrogène par exemple, la colore ou plutôt l'enveloppe d'un manteau de flamme violette, un peu jaunâtre en haut.

Cet effet est dû à ce que les gaz provenant du testa, contenant de la potasse, brûlent en violet au voisinage de la flamme : celle-ci en est augmentée et en paraît colorée.

Le testa n'a de connexion intime avec la membrane

interne que par la pointe que celle-ci envoie au micropyle et par la chaloze; aussi, quand on cherche à séparer ces deux téguments l'un de l'autre, le premier
emporte toujours au moins deux fragments du second
aux extrémités.

Ce tégument est fortement minéralisé, il use promptement le bistouri qui le racle.

La MEMBRANE INTERNE ou tegmen est la troisième
enveloppe tégumentaire. Elle est blanche, translucide,
mince comme une pelure d'oignon, assez résistante,
mais se déchirant facilement pour laisser voir
l'amande qu'elle enveloppe immédiatement, si légère
qu'elle pèse à peine 0 gr. 002; sans odeur bien mar-
quée, mais pourvue d'âcreté.

En effet, si, mettant sur la langue une partie de cette
membrane, pesant une fraction de milligramme, on
la triture un peu, on ne tarde pas (2' après) à sentir la
châleur âcre caractéristique du croton. Cette âcreté
augmente pendant un quart d'heure, s'étend au palais,
à son voile, à la gorge, et dure deux à trois heures.

Une si petite quantité de substance produisant cet
effet, on peut en conclure que le principe âcre y est
relativement en grande proportion, mais le poids de
cette membrane est si faible qu'il doit concourir pour
une faible part à doter l'huile de croton de ses propriétés âcres. Aussi l'huile obtenue des semences
mondées est-elle à peu près aussi active que celle obtenue avec les graines entières.

La membrane tegmen est composée de cellules
vides, lâches, et de trachées à spirales saillantes et

écartées sur le tube trachéal. Ces vaisseaux sont en faisceaux visibles à l'œil nu ; ils forment des arborisations dont le point de départ est à la chalaze.

ALBUMEN ou SAC EMBRYONNAIRE. — Lorsqu'on a déchiré la membrane tegmen, une masse blanche, charnue, apparaît à la vue : c'est l'albumen. Sa forme extérieure est à peu près celle de la graine entière. Son extrémité supérieure, ordinairement renflée, présente une très-petite éminence brune, placée dans une petite dépression. A l'extrémité inférieure est une tache brune qui correspond à la chalaze.

L'albumen est une espèce de sac épais destiné à oger et à nourrir l'embryon. La cavité de ce sac est allongée, aplatie, et va se terminer en haut à la petite éminence dont on vient de parler et qui est munie d'un pertuis.

La coupe transversale de l'albumen a la forme d'un O majuscule épais dont les branches représentent l'albumen, et l'espace limité par elles, la cavité albuminaire ; à leur face interne une ligne peu distincte représenterait la coupe des folioles ou cotylédons de l'embryon.

La coupe longitudinale antéro-postérieure ou perpendiculaire à l'aplatissement de la cavité donne la figure d'un O majuscule allongé épais.

La coupe longitudinale latérale ou dans le sens de l'aplatissement, ouvre la cavité dans toute son étendue.

Cette cavité très-large contient dans sa partie principale les cotylédons foliacés, et se termine en haut en un entonnoir qui renferme la tigelle. Cet entonnoir aboutit au pertuis signalé plus haut, par lequel apparaît au dehors la radicule embryonnaire ; laquelle contribue, avec les bords du pertuis, à former le sommet noirâtre de la petite éminence.

La présence de la radicule dans ce petit conduit n'empêche pas l'eau et l'air de le traverser pour communiquer avec la cavité proprement dite de l'albumen.

En effet, si l'on plonge dans l'eau l'amande (albumen et embryon), elle gagne la surface, puis après un temps variable, au moins douze heures, elle tombe au fond. Dans ce moment, l'ayant retirée pour la presser, on remarque que de l'eau et de l'air sortent par le pertuis de l'albumen. L'amande n'avait pas attendu que tout l'air soit remplacé par de l'eau pour gagner le fond de l'eau.

L'albumen est toujours plus ou moins jaunâtre, selon son état de conservation.

L'odeur en est surtout facile à constater quand on multiplie les surfaces par le fractionnement ou par l'agglomération des amandes.

C'est cette odeur crotonique qui se retrouve dans l'huile qui en provient.

Le goût met une à deux minutes à percevoir l'âcreté chaude crotonique qui est la même que celle de l'huile.

Une fraction de milligramme de cette substance suffit pour produire dans la bouche et la gorge une châleur qui dure plusieurs heures.

En croquant un petit fragment d'albumen, on sent

quelque chose de farineux, ce sont les cellules ou leurs agrégats qui roulent sur la langue.

La pesanteur spécifique est élevée malgré la grande quantité d'huile qu'il renferme : elle est de 1112. Son poids est à peu près égal aux trois quarts de celui de la graine entière; il est 40 à 45 fois plus considérable que celui de l'embryon. Cette proportion dit assez le rôle que joue l'albumen dans l'extraction de l'huile de croton.

La composition élémentaire histologique est très-simple : des cellules et les mêmes partout; à peine vers la surface de l'albumen sont-elles un peu modifiées, mais ne forment pas de couche épidermique spéciale. Elles renferment toutes de l'huile, seulement elles sont plus petites et plus sèches à mesure qu'elles se rapprochent de la surface.

Il n'y a ni vaisseaux, ni fibres, ni cellules allongées placées bout à bout.

On peut facilement décoller les cellules de l'albumen par une macération prolongée. Elles sont visibles à l'œil nu.

Les cellules contiennent deux choses bien distinctes :

Une huile limpide qui les remplit et des granules indépendants qui nagent dans ce liquide. Il y en a 15 à 20, plus ou moins, dans chaque cellule; c'est ce que nous appellerons grains amyloïdes, pour rappeler leur analogie avec les grains d'amidon.

L'*embryon* est la plante en miniature renfermée dans l'albumen. Il a 2 feuilles (cotylédons) attachées sur une petite tige (tigelle) qui se termine par une pointe (radicule). Le bourgeon ou plumule est très-peu apparent.

Dans la position naturelle de la graine, dans le fruit du croton tiglium, la radicule regarde en haut vis-à-vis le hile ou point d'attache de la graine. Cette disposition est dite anatrope.

Rappelons que la cavité de l'albumen renfermant l'embryon se termine en entonnoir aboutissant à un pertuis.

Les cotylédons sont accolés aux deux parois antérieure et postérieure de la cavité: la petite tige occupe l'entonnoir, et l'extrémité radiculaire apparaît au pertuis et même fait saillie dehors.

Le poids de l'embryon tout entier, qui paraît si volumineux, est d'environ 1 demi-centigramme.

Sa coloration est d'un blanc plus ou moins terne.

L'âcreté crotonique de l'embryon est la même que celle de l'albumen.

Sa composition histologique est cellulaire, mais avec des rudiments de fibres et de vaisseaux. En effet, dans la tigelle et les cotylédons, les vaisseaux et les fibres sont représentés par des cellules spéciales, allongées, placées bout à bout.

Les cellules-fibres sont plus serrées et d'un calibre plus petit.

En général, dans l'embryon, les cellules sont plus petites et plus allongées que dans l'albumen; mais leur contenu est à peu près le même.

Elles sont imprégnées du même principe âcre,

peut-être en plus grande proportion relativement au poids; elles contiennent la même huile.

L'*amande*, dans la graine de croton, est constituée par l'albumen et l'embryon. C'est donc elle qui fournit l'huile de croton.

Il est inutile de revenir sur les propriétés qui ont été indiquées pour chacun des deux composants.

Projetées dans de l'huile chauffée à 120 degrés, les amandes se mettent à *frire*. C'est-à-dire qu'elles donnent lieu à un bouillonnement en même temps qu'elles jaunissent un peu. La sortie des bulles est due à la vaporisation de l'eau contenue dans les amandes.

Mais en un instant l'effervescence a cessé, ce qui donne à penser qu'il y a bien peu d'eau dans l'amande de croton. En effet, exposées pendant deux heures à une température de 110 degrés, elles ne perdent guère que 5 à 6 pour 100.

Plongées dans un volume d'eau suffisant pour les baigner facilement d'abord, elles surnagent pendant douze heures; après elles commencent à gagner le fond. Elles absorbent une quantité d'eau considérable : 40 pour 100.

Après deux jours d'immersion, l'eau, chargée de principes extractifs et fermentescibles, laisse échapper des bulles d'acide carbonique; il y a plus tard production d'acide sulfhydrique, lactique; arrive ensuite la putréfaction, la désagrégation de l'amande; les cellules rompues laissent échapper leur huile. Il faut un temps très-long pour arriver à ce résultat.

AMIDON OU AMYLOÏDE DE CROTON.

Nous avons vu que chaque cellule huileuse renfermait, nageant dans l'huile, un certain nombre de petits corps solides ou grains analogues à ceux de l'amidon.

D'un diamètre à peu près égal à celui des globules du sang humain, ils sont, par conséquent, bien plus petits que les grains d'amidon. S'en rapprochant par l'origine, la situation intra-cellulaire, la transparence, la réfraction, l'affinité pour l'iode, ils s'en distinguent par la forme sphéroïdale mamelonnée ou polyédrique, la colorabilité en jaune par l'iode, l'insolubilité dans l'eau bouillante.

L'épithète d'*amyloïde*, appliquée aux grains intracellulaires du croton, sert à rappeler ces différents rapports.

Toutes les graines à huile que nous avons examinées renferment des grains analogues jaunissant par l'iode.

Au microscope, le grain amyloïde apparaît composé de granules réunies par une matière plus molle. Ils lui donnent un aspect granuleux ou mamelonné lorsqu'ils font saillie.

La solution de soude ou de potasse au dixième gonfle le grain, le désagrége et laisse en liberté les granules. On se rend aussi bien compte de la composition du grain amyloïde en l'écrasant dans la térébenthine de Venise entre deux plaques de verre. La térébenthine maintient en présence les éléments du grain écrasé et permet de constater, dans leur position respective, les granules, la matière *intergranulaire* et l'enveloppe du grain.

Tel qu'il existe dans la cellule, le grain amyloïde est bien plus tendre que celui qui a subi l'action de liquides, tels que l'alcool, l'éther, etc., ou tout simplement que celui qui a séché à l'air.

Voici la densité comparée à celle de ses congénères :

        Grain amyloïde de croton......... 1427.
        Grain amyloïde de ricin.......... 1428.
        Grain d'amidon de blé............ 1469.
        Grain de fécule de pomme de terre. 1480.

Ces chiffres ont été obtenus à l'aide de substances séchées à l'air.

Le grain amyloïde est insoluble dans l'eau froide ou bouillante, dans l'alcool, l'éther, le glycérine et les autres dissolvants neutres.

Les alcalis le gonflent, le désagrégent et le dissolvent en partie. Chauffé à la flamme, il roussit, devient sphérique et homogène ; mis en contact avec une solution d'iode, il se colore en jaune-brun en fixant le métalloïde.

Ainsi, 0 gr. 015 d'iode dissous dans l'alcool et ajouté à 0 gr. 30 d'amyloïde de croton délayé dans l'eau est précipité de sa solution. Il se combine entièrement avec cette matière, et le liquide reste incolore, mais donne une réaction bleue avec le papier amidonné.

Si le liquide est filtré, il n'y a plus de réaction. Il s'en-suivrait que le papier amidonné déplacerait l'iode de sa combinaison avec l'amyloïde de croton.

Les combinaisons de l'iode avec les substances or-ganiques sont-elles chimiques ou physiques ? L'iode y est-il à l'état de précipité, de dissolution ou de com-binaisons chimiques ?

Si ce n'est pas un iodure qui se forme, l'iode en s'attachant à la matière qui a vécu voit ses propriétés altérées ou masquées ; alors il faudrait inventer un nouveau terme pour préciser la réaction.

L'iodure d'amyloïde de croton préparé avec les pro-portions indiquées plus haut résista à une chaleur de 150 degrés pendant deux heures.

La composition chimique des grains d'amyloïde est complexe. On rencontre :

1° Une matière hydrocarbonée complexe ;

2° Une matière azotée sulfurée (qu'on peut dédou-bler en albumine soluble et coagulable par la chaleur, et albumine non coagulable par la chaleur, mais se prenant en gelée de sa dissolution concentrée) ;

3° Des sels en proportion importante, à base de po-tasse surtout.

La combustion donne une odeur en rapport avec les deux premiers éléments, tandis que les cendres colorent la flamme en violacé, mais un peu en jau-nâtre au sommet dans les premiers moments.

Vue en masse à l'œil nu la matière amyloïde a l'as-pect d'une poudre d'un blanc jaunâtre.

Plus légère que l'amidon, elle ne crie pas comme

lui, lorsqu'on la comprime. Elle est impalpable, lorsqu'il n'y a pas d'agglomérats. Altérée par un séjour un peu prolongé dans l'eau, en séchant elle se prend en masses dures.

On obtient la matière amyloïde un peu à la manière de l'amidon, seulement on emploie les amandes de croton débarrassées de l'écorce et de toute leur huile.

Mais, après l'avoir obtenue, il faut la faire sécher et la soumettre au sulfure de carbone qui enlève l'huile qui peut encore l'imprégner.

Lorsqu'elle a été bien macérée dans les dissolvants des huiles, elle est dépourvue de principe âcre.

EXTRACTION DE L'HUILE DE CROTON.

Les graines sont choisies pleines, sans moisissures à l'intérieur, pourvues, autant que possible, de leur épiderme jaune. Lorsqu'elles en sont privées, la poussière qui les accompagne doit leur être conservée. Elles sont ensuite débarrassées des corps étrangers qui les accompagnent, tels que pierres ferrugineuses, fruits divers et débris de différente nature.

Pour éviter que la poussière crotonique ne *monte au nez*, on se garnit de coton les narines, les graines sont aspergées d'eau.

Pendant la manipulation, il est bon de se placer dans un courant d'air.

On procède ensuite à la réduction des graines en farine ou poudre grossière, au moyen du moulin ou du pilon.

Il faut que les graines de croton soient pulvérisées au moins une demi-journée avant d'en extraire l'huile.

Les méthodes d'extraction ont toutes pour base l'expression ou la dissolution seule ou combinée.

La putréfaction a été essayée, mais ne nous a donné aucun résultat pratique.

L'emploi de certains liquides qu'on peut appeler *intermèdes*, vient puissamment en aide pour séparer l'huile du parenchyme (tourteau).

L'intermède doit être incorporé à la farine de croton en plus petite quantité que l'huile qu'on doit obtenir.

L'intermède aqueux doit être employé en quantité telle que la presse ne puisse en faire sortir. Dans ce cas, le parenchyme s'en est emparé et repousse l'huile qui l'imbibait.

L'intermède alcalin gonfle les cellules, les rompt et permet à l'huile de s'en échapper.

L'intermède soluble dans l'huile, la fluidifie, l'étend et par conséquent en favorise l'extraction.

PROCÉDÉ PAR EXPRESSION.

1° **EXPRESSION SIMPLE**: A. *Huile des graines non mondées*. Une demi-journée après sa monture la farine de croton est introduite et tassée dans de petits sacs en coutil, qui sont placés sous la presse les uns sur les autres. Alors on commence à exercer la pression très-lentement jusqu'à ce que l'huile s'écoule, on arrête, pour reprendre lorsque l'écoulement a cessé, et ainsi de suite jusqu'à ce que le tourteau refuse d'en céder malgré la plus forte pression.

L'opération exige au moins une journée ; si l'on se hâtait trop, les sacs pourraient se rompre et l'huile ne pas sortir complétement. L'huile écoulée est passée au filtre dans un lieu frais, sans qu'il soit nécessaire de la laisser déposer.

L'emploi de plaques épaisses chauffées, placées sur et sous les sacs pendant la pression, hâte l'écoulement de l'huile.

L'huile de croton ainsi obtenue a la coloration de l'huile de foie de morue blonde foncée, fluorescente ou verdâtre à contre-jour et alors paraissant brune-verdâtre, d'une odeur de farine de croton fraîche, d'une force moyenne, mais plus uniforme que celle des huiles par d'autres procédés.

La conservation se fait dans des flacons secs, qu'on remplit bien, et qui sont placés à la cave.

B. *Huile des graines mondées* (amandes). Pour monder les graines il faut les humecter, puis rompre l'écorce au marteau ou à l'aide d'un petit levier fixé, agissant en casse-noisettes. L'enveloppe corticale est enlevée à la main, ou au moyen d'opérations mécaniques, parmi lesquelles le van joue le premier rôle. Les amandes sont moulues, et soumises à la presse. L'action doit encore être plus lente que pour les graines non mondées. L'huile qu'on obtient est moins foncée que la précédente et un peu moins active.

C. *Huile des graines mondées par torréfaction* (procédé indien). Les graines sont rôties suffisamment
pour permettre à l'écorce de se détacher facilement,
elles sont ensuite moulues et exprimées. Cette torréfaction peut présenter deux inconvénients :

1° Altération du principe âcre de l'amande, si la
torréfaction est trop forte ;

2° Altération du corps gras.

De plus ce procédé participe aux causes de fai-
blesses qui résultent du non-emploi de l'écorce ; il est
dit être employé dans l'Inde.

L'huile de l'Inde que j'ai, probablement déjà vieille
lorsque je me la suis procurée, est peu active, épaisse,
d'une densité supérieure à celle des autres huiles de
croton qui sont à ma disposition. Sa coloration est
d'un jaune doré, clair, peu fluorescente.

2^b EXPRESSION AVEC INTERMÈDE. L'emploi des intermèdes (eau, eau alcaline au 1/100 de carbonate de
soude, alcool à 96°) a pour but d'obtenir une plus
grande quantité d'huile et même d'en augmenter la
puissance. La manière d'employer l'intermède est de le
mélanger intimement avec la farine de croton avant
de la soumettre à la presse. La quantité à employer
varie un peu avec la finesse et la sécheresse de la
farine et avec la nature de l'intermède. La farine de
croton demande 15 0/0 de son poids d'eau, de solution alcaline ou 10 0/0 d'alcool à 95°.

S'il y a excès d'intermède aqueux, la sortie de
l'huile est gênée sous la presse, la séparation du trop

plein d'intermède rend l'opération plus longue ; s'il y a excès d'alcool, celui-ci n'est pas complétement dissous dans l'huile ; la partie indissoute qui reste dans le tourteau se charge de principe âcre, ce qui nuit d'autant à la qualité du produit.

L'huile par expression avec intermède est très-colorée, plus ou moins brune ou noirâtre surtout à contre-jour, selon l'âge de la farine crotonique, et le temps qu'a duré son contact avec l'intermède. L'intermède alcoolique, ou alcalin, augmente la puissance éruptrice du produit, surtout lorsqu'on emploie les graines non mondées.

PROCÉDÉS PAR DISSOLUTION.

Trois classes de véhicules volatils s'offrent au choix de l'opérateur pour extraire l'huile de croton par dissolution.

Première classe : le sulfure de carbone, le chloroforme, la benzine, la pétrole, les huiles essentielles, etc. Ils dissolvent l'huile en toute pp. et sont plus ou moins insolubles dans l'eau. Par conséquent ils ne pénètrent pas, ou que peu, les cellules ou les agrégats de cellules non déchirées, qui constituent le *grain* de la farine de croton.

Deuxième classe : l'éther, qui dissout l'huile de croton en toute pp. Il est soluble dans l'eau en notable pp., et par suite est capable de pénétrer les cellules non déchirées pour en retirer l'huile. Relativement à la quantité l'éther est donc un extracteur supérieur à ceux de la première classe.

Un mélange d'éther et d'alcool à 95° dans lequel l'alcool entre pour la moitié au plus jouit des mêmes propriétés.

Troisième classe : l'alcool, l'esprit de bois, etc., dissolvants partiels de l'huile de croton, solubles dans l'eau en toute proportion : solubles dans l'huile de croton en assez grande proportion.

Le principe âcre résineux est plus soluble dans l'alcool et l'esprit de bois que dans l'huile, ce qui fait que l'huile obtenue par dissolution, et coopération de ces liquides, est plus énergique, tandis que la partie d'huile indissoute est en partie privée de sa puissance. L'huile de croton peut au reste être considérée comme un mélange de deux huiles au moins, dont l'une est très-soluble dans l'alcool et l'autre presque insoluble.

La *lixiviation* est le genre de traitement qui doit être employé au triple point de vue de la promptitude, de la qualité, de la quantité, et même au point de vue de l'économie.

Une allonge, une carafe, deux bouchons, un peu de coton, sont les éléments de l'appareil à deplacement.

Un bouchon est ajusté à l'ouverture qui termine la douille ou extrémité effilée de l'allonge, par-dessus le bouchon on pousse un flocon de coton. La farine de croton est ensuite introduite peu à peu dans l'allonge, et tassée à mesure avec beaucoup de régularité à l'aide d'une tige munie d'un tampon.

L'allonge ainsi remplie aux quatre cinquièmes est placée sur la carafe, dans laquelle pénètre la douille ; un large bouchon est ajusté à l'ouverture supérieure de l'allonge pour permettre de la fermer pendant l'opération.

Le véhicule extracteur est ensuite versé peu à peu sur la farine de croton ; celle-ci, fortement tassée, se laisse pénétrer lentement ; l'huile qu'elle renferme, poussée de proche en proche, gagne la partie effilée où le bouchon est placé de telle sorte qu'elle puisse tomber goutte à goutte. L'huile écoulée la première paraît épaisse, parce qu'elle est à peu près pure, mais elle n'est pas, et ne peut être poisseuse, comme il a été dit.

Plus tard, le véhicule passe en plus forte proportion, et la solution huileuse est plus fluide ; à la fin, il passe seul, plus ou moins incolore.

Alors la lixiviation est terminée. Il ne reste plus, pour obtenir l'huile, qu'à évaporer le produit de l'opération.

Si l'on veut recueillir le liquide extracteur, on a recours à la distillation ; dans le cas contraire, à l'exposition à l'air libre dans une capsule.

HUILE DE CROTON PAR LE SULFURE DE CARBONE.

Tasser fortement, dans l'appareil à déplacement décrit plus haut, la farine de croton, finement pulvé-

risée; par-dessus, verser le sulfure par petites quantités. A l'aide du bouchon inférieur, modérer l'écoulement du liquide qui se fait par la douille, de sorte
qu'il se fasse lentement, goutte à goutte; l'interrompre même de temps en temps, afin de faire durer
l'opération cinq à six jours; veiller à ce qu'il y ait
toujours une *légère* couche de sulfure sur la poudre.
La lixiviation est terminée quand le sulfure passe à
peu près incolore, dépourvu d'huile, et que la quantité employée équivaut, en poids, à trois fois celle de
la poudre.

La première portion du liquide qui s'écoule est de
l'huile presque pure, celui qui vient ensuite est de
moins en moins chargé d'huile et gagne d'autant plus
le fond qu'il en contient moins.

Pour retirer l'huile du produit de la lixiviation, il
faut en chasser le sulfure soit par l'exposition dans
une capsule, à l'air libre, pendant quelques jours;
soit par la distillation au bain d'eau chaude, si l'on
veut recueillir le sulfure. Ce fluide n'en contracte du
reste *aucune odeur*. L'huile est filtrée lorsqu'elle a
perdu l'odeur sulfureuse et conservée à la cave.

Ce procédé donne un produit d'une force moyenne,
d'un jaune verdâtre, moins obscur que celui que
donne l'expression.

Lorsqu'il conserve encore quelque odeur, on le
bouche simplement avec du papier jusqu'à ce qu'elle
soit dissipée.

Nota. Le sulfure de carbone a cela de particulier
avec le chloroforme, qu'il possède une densité de

beaucoup supérieure à celle de l'huile; une solution de celle-ci dans le sulfure est donc plus légère que ce liquide et tend à monter à sa surface. Cette tendance contrarie un peu la marche de la lixiviation *per descensum;* mais on peut éviter cet inconvénient par la lixiviation *per ascensum.*

L'opération est conduite à peu près de la même manière, seulement on force le liquide extracteur à traverser la poudre de bas en haut.

L'appareil nécessaire consiste en une espèce d'allonge, courbée en U à branches inégales. La douille forme la longue branche, qui est d'un petit diamètre. Le corps de l'allonge représente la courte branche; il porte, vers la partie supérieure, une tubulure latérale qui reçoit un tube recourbé en bas. Cet appareil ressemble à une pipe.

Une boulette de coton est poussée au fond de la grosse branche; par-dessus le coton on introduit, peu à peu en tassant, la farine de croton, jusqu'à ce que celle-ci arrive un peu au-dessous de la tubulure latérale; par-dessus on met une couche de ouate.

La grosse branche est alors fermée à l'aide d'un gros et long bouchon, qui s'enfonce jusque sur le coton.

Le sulfure, versé par la longue branche, descend, arrive au bas de la grosse branche, pénètre de bas en haut la poudre de croton, pousse devant lui l'huile qui gagne la partie supérieure; de là, elle s'écoule par la tubulure latérale, le tube recourbé, dans un flacon placé pour la recevoir.

La plénitude de la longue branche, au moyen du sulfure, est la cause de l'ascension du liquide dans l'autre branche. C'est une question d'équilibre des liquides.

Procédé par l'éther. — La farine de croton est traitée par l'éther au moyen de la lixiviation (*per descensum*), comme pour le sulfure de carbone.

La poudre doit être tassée fortement et régulièrement.

Plus l'éther marche lentement, dans une poudre serrée, mais perméable, moins il faut d'éther. La quantité en poids nécessaire de ce liquide est égale à une fois et demie à deux fois le poids de la poudre employée.

Le liquide éthéro-huileux, produit de la lixiviation, est distillé au bain d'eau chaude, pour en retirer l'éther.

Le résidu huileux est exposé et reposé six ou huit jours à l'air libre, décanté et filtré.

Si l'éther employé contient de l'eau ou de l'alcool, ces liquides sont séparés par la décantation ; le second l'est en grande partie par la distillation si le liquide éthéro-huileux a été distillé.

L'huile obtenue ainsi par l'éther est d'un jaune-brun, plus verdâtre que celle par simple expression, et de même force à peu près.

De même que l'huile par le sulfure de carbone, elle ne conserve pas aussi bien ses propriétés que l'huile par simple expression. Elle rancit aussi plus vite que cette dernière.

L'éther obtenu de la distillation du liquide éthéro-huileux n'a pas contracté de saveur ni d'odeur sensibles, et peut être employé à tous les usages.

Nota. En employant les graines mondées, et tassant fortement la poudre, le premier tiers de l'huile peut s'écouler sans qu'il contienne d'éther. C'est là vraiment de l'*huile par déplacement*.

Le tourteau bien lavé et épuisé par l'éther ne donne à peu près rien par l'alcool.

PROCÉDÉ PAR L'ALCOOL. — La farine de croton, modérément tassée, est dans l'appareil à déplacement soumise à trois fois son poids d'alcool à 95 degrés. L'opération doit durer 8 jours, et l'écoulement être *intermittent*.

Le produit alcoolo-huileux est distillé au bain-marie si l'on veut retirer l'alcool, et le résidu exposé à l'air pendant 15 jours. Dans le cas contraire, il est placé dans un courant d'air pendant trois semaines. Quoi qu'il en soit, lorsque l'alcool s'est évaporé et en partie déposé, l'huile est décantée et filtrée.

Elle est d'un brun noirâtre, très-active, mais on n'en obtient guère que 8 pour 100 du poids de l'alcool employé.

L'alcool retiré de la distillation a contracté de l'odeur et de la saveur, mais pas d'âcreté proprement dite; deux cuillerées à café prises dans un demi-verre d'eau n'ont produit aucun effet.

L'alcool cesse de dissoudre de l'huile à peu près vers 60 degrés centésimaux, mais continue à dissoudre le principe âcre.

L'esprit de bois se conduit de la même manière que l'alcool, et donne lieu aux mêmes observations.

EXPRESSION ET DISSOLUTION RÉUNIES; PROCÉDÉS MIXTES.

Procédé de M. Soubeiran. L'auteur retire ce qu'il peut par expression, puis soumet le tourteau qui reste à l'action de l'alcool rectifié chauffé à 50 ou 60 degrés. Le mélange est versé sur une toile, et le tourteau resté sur la toile est de nouveau soumis à la presse.

Les liqueurs alcooliques sont distillées pour en retirer l'alcool : l'huile résidu de la distillation après 15 jours d'exposition à l'air, est mêlée à celle obtenue par expression, puis filtrée. Ce procédé donne un produit supérieur à l'huile par simple expression. Il est d'un brun très-obscur.

Autre procédé mixte (expression, intermède, dissolution).

Incorporer dans la farine de croton 10 pour 100 de son poids d'alcool à 95 degrés ; la soumettre à la presse pour en retirer l'huile ; chasser l'alcool que cette huile contient, par l'exposition à l'air libre.

Le tourteau qui résulte de l'opération ayant été trituré, le tasser convenablement dans l'appareil à déplacement pour le soumettre à l'action de une fois et demie son poids d'alcool à 95 degrés. Faire durer 6 ou 8 jours l'écoulement qui doit être intermittent, etc. (voir plus haut, procédé par l'alcool).

L'huile obtenue par ce traitement est mêlée à la première, et filtrée. Par ce procédé qui est excellent, on a une huile très-active d'un brun très-obscur.

C'est d'après nous le meilleur procédé.

PUTRÉFACTION, ESSAI DE PROCÉDÉ.

La putréfaction exige un temps très-long, mais, pour donner de l'huile, c'est une méthode sans résultat pratique.

Les graines mondées sont introduites dans un bocal élevé, à large ouverture, avec deux fois leur poids d'eau tiède. Deux jours après, la fermentation carbonique s'établit, accompagnée bientôt d'odeur sulfureuse.

Plus tard il y a apparence de fermentation lactique puis putréfaction proprement dite avec désagrégation des cellules. L'enveloppe cellulaire finit par se rompre et livre passage à l'huile qui vient se ramasser à la partie supérieure. Si le magma était trop épais, il devrait y être ajouté de l'eau pour permettre aux globules huileux de s'y mouvoir.

Après un temps très-long, l'huile est recueillie à l'aide d'une pipette et filtrée. C'est un produit fortement coloré, peu actif, et obtenu en petite quantité.

Accidents observés pendant la préparation de l'huile de croton.

Nous avons dit que l'éther, le sulfure de carbone qui avaient servi à extraire l'huile de croton, après leur distillation ne conservaient à peu près rien des propriétés du croton ; que l'alcool retenait peu de chose, et que l'huile résidu de la distillation était très-active.

Cela suffit pour indiquer que le principe actif de croton n'est pas ou que peu volatil à une température déjà élevée.

Aussi y a-t-il lieu de s'étonner des recommandations de certains auteurs au sujet des émanations crotoniques.

Une expérience suivie de 10 ans nous a démontré que jamais émanation crotonique ne peut produire d'éruption ou d'inflammation à n'importe quelle partie du corps.

Tout ce qui a été décrit aux organes génitaux, au nez, aux yeux, aux lèvres, etc., n'était que l'effet du transport direct manuel.

En effet, ces régions sont non-seulement très-accessibles, mais encore l'homme y porte les mains plusieurs fois par jour ; et si peu que ses mains soient imprégnées d'huile, ces parties étant très-sensibles, l'effet du principe irritant ne tarde pas à se manifester.

La poussière de croton transportée par l'air peut cependant causer de l'irritation au nez, aux rebords des paupières, aux lèvres, mais elle est incapable de produire une éruption.

On s'en garantit en humectant les graines de croton, et en se mettant *au vent* dans un courant d'air, et non *sous le vent.* Nous avons déjà dit que pour le même but on se garnit de coton les narines.

Pour éviter les éruptions et inflammations qui s'observent quelquefois pendant la préparation de l'huile de croton, il suffit de ne jamais mettre les mains à la face, etc., et de se les savonner chaque fois qu'on les soupçonne d'être imprégnées d'huile.

Lorsqu'on doit mettre la *main à la pâte,* il faut se les graisser avec de la pommade de concombre, surtout sous les angles où l'huile a de la tendance à rester.

COLORATION DE L'HUILE DE CROTON, SA FLUORESCENCE.

La coloration de l'huile de croton est en rapport avec le procédé et les circonstances qui ont présidé à l'extraction.

Lorsque l'examen a lieu *par transparence,* les teintes que présentent les différentes huiles sont comprises entre le jaune-paille et le brun très-obscur.

Un temps plus ou moins considérable écoulé entre la pulvérisation et l'extraction, l'emploi et l'action prolongée de véhicules aqueux, alcooliques, sont les causes qui produisent les teintes les plus foncées.

Les graines mondées, soumises à la presse ou au sulfure de carbone immédiatement après leur pulvérisation, donnent une huile très-peu colorée.

Plus les flacons sont grands, plus, naturellement,

le contenu apparaît coloré. Aussi dans l'indication de la coloration, doit-on toujours tenir compte de la grandeur des vases, ou plutôt les employer de la même dimension. Le flacon de 60 grammes peut être choisi comme la moyenne de ceux employés à contenir l'huile de croton. La forme carrée est très-favorable pour l'examen.

Jaune-paille est l'huile des graines de croton mondées, récemment pulvérisées, traitées par la presse ou par le sulfure de carbone.

Jaune blonde, l'huile extraite par la presse ou le sulfure de carbone, des graines entières récemment pulvérisées (l'eau comme intermède dans le même cas, sans contact prolongé, ne produit pas une teinte plus foncée); l'huile extraite par l'éther des graines mondées.

Brune, l'huile provenant de graines de croton pulvérisées depuis quelques jours, ou dans lesquelles l'eau a séjourné; l'huile par l'éther sur la poudre des graines entières (dans ce cas il y a une apparence verdâtre indépendante de la fluorescence).

Brune obscure, lorsqu'il y a eu séjour prolongé de l'intermède aqueux ou alcoolique; lorsque les graines entières de croton ont été pulvérisées un mois ou plus avant d'en retirer l'huile; l'huile par le procédé Soubeiran, et l'huile par le procédé mixte indiqué à la suite; l'huile par putréfaction.

L'huile de croton présente toutes les nuances de l'huile de foie de morue, excepté celle dite blanche. L'analogie de coloration est d'autant plus grande que ces deux huiles jouissent de la propriété si remarquable de la fluorescence.

L'exposition de l'huile de croton brune à l'air, à la lumière, aux variations atmosphériques, tend à la décolorer.

La coloration naturelle de l'huile de croton est le jaune-paille; c'est artificiellement qu'elle se colore autrement.

Ainsi, dans le cas des graines pulvérisées à l'avance, l'huile se trouve en contact prolongé avec le parenchyme déchiré, avec l'écorce, et se charge de principes colorants, extractifs et résineux, qu'elle ne contenait pas auparavant.

Le sulfure de carbone ajoute peu au pouvoir dissolvant de l'huile. L'éther au contraire dissout facilement les parties solubles de l'épitesta. L'alcool agit sur toutes les parties solubles, qu'il cède ensuite à l'huile.

L'eau communique à l'huile les principes extractifs a peu près de la même manière que cela a lieu pour l'huile de foie de morue.

CHATOIEMENT VERDATRE OU FLUORESCENCE.

Tout d'abord l'huile de croton se reconnaît à un *verdoiement* particulier, manifeste surtout lorsqu'on la regarde *à contre-jour* ou par réflexion; effet à peu près permanent pour l'huile brune, où se confondant avec la coloration il produit une apparence noirâtre ou plutôt abscure. Il disparaît dans l'huile jaune ou blonde lorsqu'on l'examine *au jour* ou par transparence.

Dans l'huile brune, pour trouver la coloration

brune sans obscurité il faut approcher l'œil près du flacon ou la regarder à travers la main formée en lorgnette, et ayant soin de faire face à la lumière.

Le verdoiement peut être constaté dans un lieu éclairé par une lumière artificielle colorée ou non.

Ainsi un flacon d'huile de croton éclairé par une lumière jaune ou rouge n'en verdoiera pas moins. Cela prouve que l'huile de croton, quoique ne recevant que des rayons jaunes ou rouges, réfléchit ou disperse cependant des rayons verts, non contenus dans la lumière incidente (fluorescence).

Nota. — Le phénomène de la fluorescence se rencontre dans un grand nombre de substances, avec des caractères particuliers.

L'huile de foie de morue (verdâtre).

Le baume de copahu (beau vert).

Une foule de teintures : arnica, gentiane, fleur d'oranger, coque du Levant, curcuma, jalap, pyrèthre, euphorbe, myrrhe, etc. (verdâtre).

Les huiles par coction de plantes fraîches, les teintures chargées de chlorophylle; baume tranquille, teinture éthérée de digitale (rouge; vert à une faible lumière).

Le sirop de violette (rosâtre sale; violet à une faible lumière).

Le sulfate de quinine en solution, la pétrole (bleu).

L'huile d'olive (rouge).

L'huile de ricin (vert faible).

L'huile de curcas (vert très-faible).

Les lumières artificielles, plus faibles que la lumière diffuse ou solaire, permettent aussi moins facilement de constater le verdoiement.

Une lumière placée derrière un flacon d'huile de

croton fait disparaître l'apparence verdâtre pour ne laisser que la coloration jaune ou brune-rougeâtre selon que l'huile examinée est jaune ou brune. Dans les huiles brunes la coloration rougeâtre ou brune n'apparaît qu'en face la lumière.

Il en est de même pour le sirop de violette, le baume tranquille, etc.; mais ce qu'il y a de plus dans ces derniers, c'est que le liquide lancé contre les parois du flacon par l'agitation, conserve la coloration violette verte, dans la couche mince qui imbibe momentanément les parois. Si l'on met du sirop de violette, du baume tranquille dans un flacon très-plat dont les côtés opposés, se touchant presque en bas, vont en s'élargissant en haut, et que l'on regarde une lumière à travers ce flacon, le liquide paraît violet, vert en bas où il y a une petite épaisseur, jaune un peu plus haut, puis rouge quand l'épaisseur du liquide est suffisante. Il est à remarquer que c'est la partie mince en bas qui paraît violette, verte, qui intercepte le plus les rayons lumineux, et que la partie épaisse ou supérieure qui paraît rougeâtre laisse voir les objets lumineux placés derrière elle, surtout en approchant l'œil près du flacon.

Cet effet, surprenant au premier abord, est le résultat du grand pouvoir de dispersion fluorescente de ces liquides, pouvoir qui par une force même est arrêté à la surface, tandis que le rougeâtre n'apparaît que par une profondeur suffisante de liquide (de même qu'une teinte pâle ne devient rougeâtre que par une épaisseur considérable).

Une certaine épaisseur d'huile de croton est nécessaire pour constater le verdoiement ; plus l'huile est brune, moins il en faut. Avec une épaisseur de $0^m,002$, on peut déjà constater une apparence verdâtre.

En faisant intervenir la lentille convergente pour concentrer sur l'huile les faisceaux lumineux on fait paraître la coloration verdâtre, là où autrement on n'aurait pu la découvrir. C'est à la surface du liquide, base du cône lumineux produit dans l'huile, que l'effet est le plus intense.

La raison en est dans l'arrêt successif des rayons lumineux à mesure qu'ils pénètrent dans l'huile. Chaque molécule d'huile qui verdoie fait l'effet d'un grain de poussière verte et joue le rôle d'écran. Dans l'huile brune, le cône lumineux est moins pur que dans l'huile blonde.

La cause du chatoyement verdâtre est dans l'existence d'une résine de cette teinte en dissolution. La coloration paraît indépendante du principe âcre proprement dit.

L'huile décolorée par des traitements successifs à l'alcool, à l'esprit de bois, perd sa fluorescence.

L'étude de la fluorescence de l'huile de croton a son utilité pratique au point de vue de la reconnaissance des substances.

Nous n'avons rencontré le *verdoiement* parmi les huiles, avec des caractères marqués, que dans l'huile de foie de morue, mais il y est moins prononcé que dans celle de croton.

On pourra donc, au premier aspect, distinguer celle-ci de toutes les autres huiles.

S'il y avait quelques doutes à l'égard de l'huile de foie de morue, l'odorat suffirait pour les lever.

ODEUR.

L'odeur de l'huile de croton est assez forte, quand elle est perçue sur une large surface. Cette odeur toute particulière n'a d'analogie avec aucune autre si ce n'est peut-être avec celle du curcas; elle est bien différente de celle de l'huile de ricin. Lorsque l'huile de croton est récente, elle sent comme les graines moulues; plus tard une odeur de rance commence à s'y joindre, va en augmentant et finit par dominer.

Il est très-utile de faire la distinction de ces nuances pour distinguer l'âge de l'huile de croton.

Il y a cependant des personnes qui n'ont pas trouvé d'odeur à cette huile. Elles jouissent probablement d'un odorat peu développé, ou bien elles s'y seront mal prises.

Le moyen de rendre l'odeur crotonique très-facile à percevoir même dans les huiles vieilles ou peu odorantes, consiste à répandre un peu d'huile de croton sur une feuille de papier à filtre. Cette feuille renfermée dans une boîte est encore très-odorante après plusieurs années.

Il n'est pas inutile d'ajouter que les émanations crotoniques de l'huile ne peuvent jamais causer aucune inflammation ; mais le transport direct de l'huile est très-facile.

Le principe odorant n'est pas très-volatil à une basse température. Nous avons vu que l'éther et le sulfure de carbone n'en prennent aucune partie par la distillation, que l'alcool s'en imprègne un peu, l'hydralcool beaucoup. L'eau distillée de croton est très-odorante, mais elle cesse de l'être après un ou deux ans ; le résidu de la distillation, quoique chauffé à 110 degrés par l'addition du chlorure de calcium, conserve la plus grande partie de son odeur.

Il y a des auteurs qui ont affirmé que l'eau distillée de croton était plus odorante quelques jours après que le jour même de sa distillation ; nous croyons avoir constaté le contraire, si bien qu'au bout d'un an, elle est souvent inodore, quoique ayant toujours été bien bouchée. Après un mois elle a perdu sensiblement.

L'odeur de l'eau distillée diffère assez de celle de l'huile de croton ou des semences pilées. On devait s'y attendre, car c'est ce qui arrive avec la plupart des substances odorantes.

La distillation avec les acides ou les alcalis n'a produit aucun résultat.

En distillant la teinture obtenue par l'alcool à 56 degrés, sur les graines de croton pulvérisées, nous avons pu isoler une petite quantité d'huile volatile, ne possédant pas l'odeur crotonique proprement dite.

La teinture d'écorces de croton par évaporation

laisse une oléo-résine qui, distillée avec l'eau, donne dans le récipient une huile volatile brune très-odorante, qui surnage une eau laiteuse.

GOUT.

On peut avaler l'huile de croton avant que les organes du goût perçoivent des sensations qui puissent la déceler. Au premier moment on peut croire avoir affaire à une huile comestible un peu forte. L'âcreté brûlante, particulière (crotonique) ne se fait sentir qu'environ une minute après, et encore dans ces premiers moments elle n'est pas très-forte, elle rappelle le poivre. L'effet ressenti dans presque toute la bouche et la gorge va en augmentant pendant une demi-heure, reste stationnaire au moins une heure, puis diminue pour cesser quelques heures après. La durée dépend de la quantité d'huile goûtée, mais ne dépasse pas 12 heures.

L'âcreté crotonique, dont le poivre et la moutarde peuvent donner une légère idée, se fixe au palais, au voile, à la gorge, plus tard gagne les lèvres, les parois buccales et le bout de la langue. Elle attaque difficilement les gencives, les parties postérieures de la langue, et respecte le dessous de cet organe, ainsi que le plancher sublingual de la bouche.

La gustation répétée de l'huile de croton rend les organes du goût plus sensibles aux substances âcres. Le bout de la langue surtout montre bientôt ses papilles rouges, proéminentes et très-sensibles.

La gustation de toutes les parties de la graine, excepté le testa, donne la même sensation que l'huile de croton, donc l'huile renferme le même principe âcre que certaines parties de l'écorce (résine âcre).

Le froid sous toutes les formes apaise la chaleur âcre crotonique ressentie par la bouche, tandis que le chaud l'anime. Une grande aspiration d'air frais par la bouche, une gorgée d'eau froide ou alcaline la diminuent ou la fond disparaître momentanément.

L'inspiration par la bouche, l'expiration par le nez soulagent aussitôt et le soulagement dure aussi long-temps qu'on s'astreint à ce mode de respiration.

Un mélange de 1 p. d'huile de croton et de 11 p. d'huile d'amandes ne donnent, au goûter, de sensation d'âcreté, qu'au bout de 5 à 8'. Une demi-heure après, l'âcreté est très-manifeste, et elle se prolonge deux heures.

Un cinquième de goutte d'un mélange huileux ne contenant qu'un cinquantième d'huile de croton ne donne pas d'âcreté, mais un goût fade, nauséabond.

Un mélange au 3 centième (ou une goutte dans 10 grammes d'huile d'amandes) peut passer inaperçu au goût.

L'âcreté crotonique, étant particulière à l'huile de croton, est un indice certain pour reconnaître cette huile ou la déceler.

Pour goûter cette huile, il suffit de toucher la superficie d'une goutte à l'aide d'une tête d'épingle que l'on porte ensuite sur la langue. On évite ainsi les inconvénients d'un essai inconsidéré.

L'âcreté ressentie par nos organes n'est pas un goût, à proprement parler, mais un effet d'irritation produite par l'huile de croton. En effet, le goût d'une chose est instantané, tandis que la sensation âcre met toujours quelque temps à se manifester.

La *consistance* de l'huile de croton est supérieure à celle des huiles d'œillette et d'amandes, et inférieure à celle des huiles d'olive et de ricin.

BULLOSITÉ. — Agitée fortement pendant 6 ou 8", l'huile de croton présente au pourtour de sa surface un *chapelet* ou cercle bulleux à plusieurs rangs. Les grosses bulles s'évanouissent promptement.

250 grammes d'huile de croton ayant été versés dans un tube de 5 centimètres de diamètre, 15' après je remarque un chapelet de $0^m,0025$ de diamètre, à peine interrompu en un ou deux endroits ; une heure après le versement, les bulles ont presque toutes disparu.

GLOBULARITÉ. — Comme la plupart des huiles, à la température ordinaire, l'huile de croton possède la propriété de former des *globulaires*.

Nota. Nous avons nommé ainsi des globules (ou des gouttes) d'un liquide quelconque, sur la surface duquel ils se maintiennent quelque temps avant de se fondre avec lui.

La globularité est la propriété des liquides de former des globulaires.

La formation de ces globules est très-simple ; lorsqu'une goutte tombe d'une certaine hauteur sur une surface formée par le même liquide que la goutte, elle y pénètre en s'y fondant et en déterminant une dépression plus ou moins profonde. Mais l'équilibre tend à se rétablir, à remplir cette cavité, et dans leur mouvement de bas en haut les parties liquides dépassent la surface en projetant une ou plusieurs gouttelettes qui roulent sur la surface avant de s'y confondre.

Lorsque la goutte tombe de très-près, elle se pose pour ainsi dire sur le liquide et y reste plus ou moins longtemps avant de disparaître.

En égouttant une bouteille à fond rentré, si une goutte, tombant de ce fond sur une paroi latérale, la rencontre sous un angle très-aigu (15 degrés, par exemple), elle rebondit et sort par le goulot en faisant, avec la paroi, un angle de réflexion de la même ouverture, c'est encore un phénomène de globularité.

Les globulaires peuvent se réunir et former des globulaires plus gros qui s'aplatissent ; dans ce cas, ils dépriment la surface liquide qui les supporte.

Les petits globulaires roulent très-facilement et ne causent pas de dépression.

Nous croyons être le premier à indiquer ce phénomène que nous avons observé déjà il y a quinze ans.

Dans les huiles, la chaleur favorise la formation des globulaires.

L'huile de ricin, à la température ordinaire, ne forme pas de globulaires, si la goutte tombe perpendiculaire, mais la chaleur lui donne cette propriété.

Vers 6 à 8 degrés au-dessus de 0, l'huile de croton, devenue plus consistante, cesse de former des globulaires.

DENSITÉ.

La *densité* de l'huile de croton donne un moyen certain de reconnaître sa pureté; il suffit de jeter un coup d'œil sur les densités suivantes, pour s'en convaincre.

Huile de colza........	915 (densité à + 15° c.).
— d'olive..........	917
— d'amandes	918
— de curcas.......	921
— d'œillette........	926
— de lin	935
— de croton.......	942
— de ricin	967, la seule plus lourde
que l'huile de croton.	

Quelques gouttes d'huile de croton agitées légèrement dans un flacon avec de l'alcool aqueux à 47 degrés cent. (dens. 940,3) gagnent le fond ; et cependant quelque temps après elles commencent à remonter.

Cet effet est dû à l'absorption par l'huile d'une certaine quantité de la partie spiritueuse de l'hydralcool.

Dans l'alcool à 45 degrés (dens. 944) l'huile surnage.

La densité varie avec la température de l'huile, et la variation est inégale pour chaque degré; plus les degrés sont bas, plus la variation *graduelle* est grande.

De + 21 degrés à + 15 degrés la densité diminue en moyenne approximativement de 0,5 par degré ; de + 15 à + 10 degrés, de 0,6.

Comme le chiffre 942 indique la densité de l'huile de croton a + 15 degrés ; si l'on veut établir celle d'une huile de croton quelconque qui ne soit pas à cette température, il faut faire une correction.

Il suffit d'ajouter au chiffre obtenu par le dencimètre autant de fois 0,5 qu'il y a de degrés au-dessus de + 15 degrés cent., et retrancher autant de fois 0,6 que de degrés au-dessus, si la température de l'huile est inférieure à + 15 degrés cent.

Tableau des recherches faites sur les variations de densité, déterminées par les variations de température.

Huile brune de croton datant de 18 mois, obtenue par expression.		La même huile exposée à l'air et examinée un an après.	
Tempér. de l'huile au-dessous de 0.	Densité.	Température.	Densité.
17°,70	940,75	5°	949,7
16°,42	941,3	7°	948
15°,72	941,7	9°,1	946,5
15°	942,3	11°,5	945,2
14°	942,95	13°,7	943,7
13°,7	943,2	14°	943,5
13°	943,6	15°	943
12°,8	943,7	17°,3	942
12°,5	943,9	18°,3	941,6
12°,25	944,2	19°,3	941,25
9°,2	945,5	21°,3	940,15
6°,85	946,6		
6°,3	947,4		
4°,75	948,95		
2°,75	950		

Ces chiffres sont donnés tels qu'ils ont été obtenus, sans en rectifier aucun, c'est pourquoi il faudra faire la part des inexactitudes probables dans les décimales. On voit que la densité augmente avec l'âge et l'exposition à l'air. J'ai plusieurs échantillons d'huile très-rance dont la densité est 947 à + 15 degrés.

DU POIDS D'UNE GOUTTE D'HUILE DE CROTON.

Cette huile étant généralement prescrite par gouttes, il est important de connaître le poids ordinaire de celles-ci.

Dans les officines, les flacons au moyen desquels on les compte ont une contenance qui varie de 15 à 100 grammes.

Ces vases, lorsque leur goulot est bien sec, donnent des gouttes dont les 4 ou 5 premières atteignent à peine 3 centigrammes, en moyenne, tandis que si l'on continue, les suivantes dépassent plus ou moins ce chiffre. Il faut 25 à 31 gouttes comptées de suite pour faire 1 gramme, le plus souvent 28 à 30 ; ce qui fait à peu près 3 *gouttes pour* 10 *centigr.*

Si le rebord du goulot est couvert de poussière, elles peuvent se trouver réduites à 2 cent., tandis que son imbibition préalable leur permet de se rapprocher de 4 centigr.

Cela prouve qu'il est important de bien essuyer la bague du goulot avant d'opérer.

Il faut bannir de l'usage tout compte-goutte théorique qui donnerait des gouttes de 2 ou 5 centigr. dont le poids s'éloignerait trop du poids ordinaire de la goutte (3 centigr. env.).

La difficulté du nettoyage parfait de l'instrument, la nécessité de le faire chaque fois que l'on s'en sert, l'éloignent du reste assez de la pratique pharmaceutique.

Les conditions qui font varier le poids de la goutte d'huile de croton sont à peu près les mêmes que pour les autres liquides, et le tableau qui suit, applicable à tous, rend compte des différences qu'on observe.

Comme on va le voir, le poids d'une goutte est le résultat compliqué d'actions, de causes, de circonstances diverses et opposées.

CAUSES DES VARIATIONS DU POIDS D'UNE GOUTTE.

		Contribuent à augmenter le poids d'une goutte.	Tendent à le diminuer.
Dépendant : du liquide.	Consistance. . .	Visqueuse, beaucoup de cohésion.	Fluide, peu de cohésion.
	Densité.	Faible.	Forte.
	Température. . .	Basse (augmentant plus la consistance que la densité).	Élevée (augmentant plus la fluidité qu'elle ne diminue la dens.).
du flacon.	Calibre du goulot.	Considérable ou extrêmement petit.	Petit.
	Rague (rebord du goulot). . . .	Épaisse, surbaissée, à grande circonfér.	Mince, élevée, à petite circonférence.
	Posit. du flacon..	Oblique (ce qui arrive quand il est plein ou presque vide).	Horizontale (quand il est demi-plein).
	Matière du flacon.	Son affinité pour le liquide.	Défaut d'affinité pour le liquide.
du flacon et du liquide.	Goulot et rebord.	Déjà imbibés d'huile.	Secs, moisis ou poussiéreux.
	Veine liquide qui fourn. les gouttes.	Grosse et march. vite.	Grêle et lente.

On trouvera peut-être paradoxal d'avancer que la densité contribue à diminuer le poids des gouttes; mais la densité vainc la consistance ou plutôt la cohésion; que la densité faible augmente le poids des gouttes (eau), mais la fluidité (éther) en triomphe.

CONGÉLATION.

L'huile de croton, par simple expression, commence à se troubler vers -+- 4 degrés, et quelquefois seulement à 0 degré. Elle ne se prend en gelée consistante que vers — 8 degrés.

Si les graines ont été pulvérisées quelques jours ou quelques semaines avant d'être soumises à la presse ou aux véhicules extracteurs, l'huile se sature de stéarine qui précipite à -+- 10 degrés, et même à une température plus élevée.

L'éther et le sulfure de carbone donnent une huile qui précipite vers + 10 ou -+- 12 degrés, surtout si l'action de ces dissolvants sur le croton a été prolongée.

Cette précipitation de matière stéariforme augmente la consistance de l'huile, mais, lorsque le dépôt est formé, il la diminue.

Si le refroidissement est graduel, il s'y forme plusieurs précipitations successives. L'huile surnageante allégée chaque fois supporte un nouvel abaissement de température sans se troubler.

En effet, lorsque le premier précipité se forme, le mouvement qu'il détermine occasionne la séparation d'une nouvelle quantité de stéarine qui, sans cela, serait restée en dissolution.

Cette matière s'agglomère en petites masses amorphes ou cristallines qui gagnent le fond, où elles forment un dépôt blanchâtre.

Les particules cristallines sont d'autant plus grandes que l'huile est plus fluide.

Au-dessous de 0 degré, la partie huileuse acquiert une consistance qui retarde ou empêche le dépôt de se former; alors l'huile a l'aspect d'un liquide grumeleux plus épais au fond qu'à la surface.

L'huile rance se prend en gelée d'autant plus tôt qu'elle est plus épaisse, plus rance, plus vieille; mais elle précipite peu, ou du moins, il lui faut un temps très-long pour que le précipité se fasse.

La gelée est homogène, demi-transparente, et ce n'est que longtemps après que les cristaux s'en séparent. A la dégelée ils tombent au fond et constituent un dépôt.

Une huile de croton très-rance, datant de six ans, provenant du fond de plusieurs flacons à peu près vidés, s'est troublée à + 8 degrés, et s'est prise en gelée consistante à + 3 degrés, sans que le trouble ait beaucoup augmenté.

Un autre échantillon que j'ai depuis huit ans, provenant de l'inde (?), du poids de 500 grammes, dans un flacon, aux 9 dixièmes plein, s'est troublé à + 8 degrés et ne s'est pris en gelée *à couper au couteau* que vers — 2 degrés.

Un troisième échantillon, âgé de 2 ans, obtenu

par simple expression, a conservé sa limpidité et sa fluidité à + 0 degré.

Ces exemples indiquent suffisamment la variabilité du degré de congélation.

L'huile par déplacement au moyen de l'éther, du sulfure de carbone, doit, au point de vue de la congélation, être divisée en deux parts : la première écoulée est de l'huile à peu près pure, et ne diffère pas de l'huile par simple expression ; la seconde est plus chargée de stéarine et précipite à + 10 degrés.

SICCATIVITÉ.

Les flacons qui contiennent l'huile de croton pour l'usage, et qui ne sont pas essuyés chaque fois que l'on s'en sert, présentent, au bout d'un certain temps, des traînées d'huile épaissie, poissant les doigts. Plus tard, ces traces sèchent complétement ; l'huile qui les a formées est devenue une matière élastique, analogue au caoutchouc, et qui constitue les vernis des huiles siccatives.

Cette transformation met six mois et plus à s'accomplir ; elle a lieu d'autant plus tôt que l'huile est plus vieille et plus rance.

La présence de la poussière, en multipliant les surfaces, aide à l'épaississement.

Une goutte d'huile de croton suspendue au bout d'une tige en verre met quatre mois, en été, à prendre la consistance de térébenthine épaisse, tandis qu'il ne faut pas plus d'un mois à l'huile d'œillette ou de foie de morue placées dans les mêmes conditions pour arriver à cet état.

L'huile de ricin met un temps beaucoup plus considérable que l'huile de croton pour devenir épaisse.

Avec le réactif Poutet, l'huile de croton produit une colle filante très-molle, même après deux ans. Cette réaction la rapproche de l'huile d'œillette.

50 grammes d'huile de croton, dans un flacon à large ouverture, agités avec 18 gr. 50 d'acide sulfurique concentré, ont donné une élévation de température de 41 degrés centigrades ; ce qui la place au nombre des huiles peu siccatives.

Après l'expression, l'huile qui imprègne les sacs et les tourteaux sèche assez vite, et, si on vient à les agiter, ils répandent dans l'air une poussière qui monte et prend au nez.

L'huile épaissie à l'air au point de filer entre les doigts qui la tâtent a perdu une grande partie de ses propriétés ; il vient un moment où, par son application, elle ne procure aucune éruption.

Au goûter, 1 dixième de goutte d'une huile de croton épaissie à l'air n'a donné de sensation âcre qu'après un quart d'heure, et l'âcreté n'a duré qu'une heure et demie.

ÉMULSION. — L'huile de croton s'émulsionne :

1° Par trituration de l'amande avec un peu d'eau et addition subséquente d'une quantité suffisante de ce liquide.

Il y a dans cette émulsion, outre l'huile, des principes de l'amande dissous ou entraînés par l'eau.

2° Par trituration ou agitation de l'huile dans une solution visqueuse de gomme, albumine, gélatine, glycérine, savon, sucre, amidon, etc.

3° De sa précipitation par l'eau, de sa solution, dans l'alcool, l'esprit de bois, et en général dans tous les liquides volatils solubles en toute proportion dans l'eau.

L'agitation de l'huile avec l'eau est impuissante à produire une véritable émulsion.

Il en est de sa solution dans l'éther, le chloroforme, le sulfure de carbone, la benzine, l'essence de pomme de terre, et en général dans tous les liquides volatils non solubles en toute propriété dans l'eau.

L'émulsion, par la solution alcoolique, résiste à l'ébullition et dure indéfiniment. Nous en gardons une dans un tube débouché qui se conserve depuis trois ans; cependant peu à peu, en s'évaporant, elle a déposé sur les parois et *au fond* du flacon une certaine quantité d'huile; de plus, une poudre blanchâtre (résine), qui s'était précipitée dès les premiers temps, s'est mêlée à l'huile.

Il est à remarquer que l'huile qui a gagné le fond doit avoir une densité plus considérable que l'eau.

L'huile de croton, déjà traitée par l'alcool, donne, par un second traitement, une teinture moins colorée qui, dans l'eau, donne une émulsion moins chargée. Au troisième traitement, le produit est plus faible encore, et ainsi de suite. L'huile de croton, composée de deux parties : l'une soluble et l'autre insoluble dans l'alcool, cède d'autant moins à ce dissolvant qu'elle a été traitée plus de fois.

Une petite quantité de solution alcoolique versée doucement à la surface d'un verre d'eau, la rend lactescente après un certain temps. On observe, pendant ce temps, des parties plus lourdes qui tombent : c'est la matière blanchâtre dont on vient de parler.

Quelle est la cause de la propagation et de la permanence de l'émulsion ? C'est le mouvement spontané dont jouissent toutes les particules de matières tenues en suspension dans l'eau, lorsque leur diamètre ne dépasse pas quelques millièmes de millimètre.

Lorsqu'on examine une émulsion au microscope, on s'assure :

1° Que les globules huileux ont de $0^{mm},001$ et moins, à $0^{mm},008$ de diamètre ;

2° Qu'ils sont animés d'un mouvement *perpétuel* de va-et-vient d'autant plus prononcé que les globules sont plus petits.

Il paraît dû à une attraction et à une répulsion successive et réciproque. C'est cette agitation qui *perpétue* l'émulsion et la propage.

Le diamètre des globules explique pourquoi le filtre les laisse passer en ne retenant que ceux qui dépassent $0^{mm},008$ à $0^{mm},010$.

Nota. A cette occasion, nous nous sommes assuré que l'huile est insoluble dans le sirop de sucre, à l'encontre de ce qui avait été avancé à l'égard du sirop d'orgeat. Celui-ci, fermenté un peu et filtré, laisse un sirop qui, avec l'eau, blanchit ; mais cette lactescence n'est pas due à l'huile mais à la précipitation de la *matière blanchâtre* qui, après vingt-quatre heures de repos, a gagné le fond.

DISSOLUTION. — Action réciproque de l'huile de croton et des dissolvants.

Lorsqu'on agite fortement l'huile de croton avec un liquide, il peut arriver, après repos :

1° Qu'il n'y ait aucun effet de dissolution de part et d'autre (eau, glycérine) ;

2° Que l'huile dissolve le liquide et ne soit pas dissous par lui (alcool au-dessous de 60 degrés, solution aqueuse d'esprit de bois). Dans ce cas, il y a cependant dissolution dans le liquide de matières résineuses et extractives.

3° Que l'action dissolvante soit réciproque (alcool, esprit de bois rectifiés) ;

a. Avec changement de volumes (p. é. d'alcool à 95°, 90°, et d'huile) ;

b. Sans changement (p. é. d'alcool à 93° et d'huile) ;

4° Que l'huile dissolve le liquide tout entier (10 vol. d'huile et 3 vol. d'alcool à 95°) ;

5° Qu'elle soit dissoute entièrement (**2** gouttes d'huile dans 10 cent. cubes d'alcool à 95°).

6° Que la dissolution ait lieu de part et d'autre en toute proportion (éther, chloroforme, benzine, sulfure de carbone, huiles essentielles, etc.).

L'*alcool à* 95° à + 15° centigr., agité avec son volume d'huile de croton, *gagne* 1 vingtième à 1 trentième de volume au détriment de celle-ci ; en même temps qu'il se colore très-fortement. Cette coloration est due non-seulement à l'huile détenue par l'alcool, mais surtout encore aux principes colorants, résineux, et dissous en forte proportion.

Si, au lieu de 1 volume d'alcool, on n'en met que 1 tiers de volume, celui-ci est entièrement dissous.

L'huile de croton n'est pas entièrement absorbée par 60 volumes d'alcool à 95 degrés, 1 volume d'huile agité aux 2 volumes d'alcool à 95 degrés peut perdre 4 dixièmes de volume.

Ces essais indiquent que l'alcool est plus soluble dans l'huile de croton, que celle-ci dans l'alcool ; que l'huile de croton est composée de deux parties, dont l'une est soluble et l'autre presque insoluble.

Ainsi s'explique la contradiction des pharmacologistes, qui donne comme moyen de reconnaître la pureté de l'huile de croton, les uns son insolubilité dans l'alcool, les autres sa solubilité. Ils avaient négligé l'indication des volumes.

L'alcool à 90 degrés, agité avec son volume d'huile crotonique, *perd* 1 dixième à 1 vingtième de volume au profit de cette dernière ; il dissout en même temps 8 pour 100 de son poids d'huile.

L'alcool à 66 degrés, avec 3 volumes d'huile de croton, perd 1 quart de volume.

Il se colore peu et ne dissout presque pas d'huile.

3 volumes d'alcool à 56 degrés avec 1 volume d'huile perdent 1 tiers à 1 quart de volume et ne dissolvent pas d'huile.

L'examen des volumes peut tromper un œil super-
ficiel qui chercherait le degré de solubilité de l'huile
dans l'alcool.

Les volumes n'indiquent que la différence de l'action dissolvante des deux liquides. Cette différence
peut être nulle, quoique l'action réciproque soit considérable.

Il y a différents degrés dans les solutions résultant de l'action dissolvante des liquides, qui rappel-
lent les combinaisons chimiques.

Ainsi, une solution concentrée d'huile de croton
dans l'alcool est troublée par une nouvelle addition
du même alcool.

3 à 4 volumes d'alcool à 96 degrés, étant dissous
dans 10 volumes d'huile de croton, il suffit d'ajouter
2 volumes d'alcool pour désagréger la solution et séparer la plus grande partie de l'huile.

L'alcool à 60 degrés et au-dessous ne dissout aucune
partie d'huile, mais s'empare des principes résineux
âcres et colorants.

L'action dissolvante de l'alcool est en raison directe
de son degré et de sa température.

L'eau pure ne prend rien ou presque rien ; elle contracte un peu d'odeur, mais pas d'acidité, quoique
l'huile soit plus ou moins acide (comme cela arrive pour
les huiles retirées des vieilles graines).

Une petite quantité d'eau agitée avec l'huile se trouble en même temps que celle-ci perd sa limpidité,
laquelle ne commence à réapparaître à la partie supérieure qu'après un an.

L'eau a-t-elle déterminé la séparation d'une matière (résineuse?) d'une densité peu différente de celle de l'huile?

Ce n'est pas une émulsion, car elle ne se clarifierait pas, même à la partie supérieure.

L'esprit de bois a, sur l'huile de croton, une action analogue à celle de l'alcool.

Si à **2** volumes d'huile on ajoute :

```
      1 vol. d'esprit de bois, il perd 4 dixièmes de vol. et se colore.
Si,   2 vol.        —              3          —            —
Si,   3 vol.        —              2          —            —
Si,   6 vol.        —      aucune perte de part et d'autre.
Si,   8 vol.        —      il gag. 2 dixièmes.
Si, 12 vol.         —           —  3  —
```

De même que l'alcool, l'esprit de bois, ajouté à une solution méthylique saturée d'huile de croton, y forme un précipité. Une goutte d'huile de croton n'est pas entièrement soluble dans 10 grammes d'esprit de bois.

En traitant successivement le même échantillon d'huile par des quantités renouvelées d'alcool méthylique, elle diminue chaque fois de volume et finit par se décolorer tout à fait. A la fin l'huile qui reste ne cède plus rien à l'esprit de bois, *c'est la partie insoluble de l'huile* de croton.

Quoique traitée à plusieurs reprises par l'alcool, ou l'esprit de bois, l'huile de croton, ainsi dépouillée, conserve encore quelque partie de ses propriétés.

C'est ce dont je m'assurai par plusieurs essais. Voici le rapport du patient :

Le 30 mai 1861, avant le dîner, je pris sur du sucre 5 gouttes d'huile de croton (traitée quatre fois par l'alcool à 90° centésimaux chaque fois avec de l'alcool nouveau).

L'huile me paraît privée de son âcreté chaude, seulement un arrière goût-odeur rance, nauséabond, me revient bientôt. 10 minutes après je dînai.

Après dîner, 5 *autres gouttes* de la même huile furent prises de la même manière. Le goût nauséabond se prononça davantage, il faisait penser au vomissement.

La digestion d'abord lourde, incertaine, laborieuse, se fait néanmoins, il n'y a pas de vomissement ni de dérangement de corps.

Le lendemain 31, à huit heures, 15 *gouttes* furent prises, toujours de la même manière.

A huit heures 30 minutes, malaise général, gêne de l'estomac, pas d'âcreté chaude proprement dite dans la gorge ou la bouche; mais un goût nauséeux particulier invitant au vomissement.

Je marche pour distraire l'estomac ; un œuf cru est ingéré à huit heures 45 minutes; après 1/2 heure de marche, les vomissements commencent et se répètent pendant 1/4 d'heure. Ils sont accompagnés d'un arrière-goût crotonique nauséabond, bien plus prononcé qu'après ingestion de l'huile; les *vomita* en sont imprégnés ; l'odeur fade, nauséabonde, crotonique, y paraît centuplée; est-ce leur température tiède qui produit cet effet? ou sont-ce les sens exaltés? ou bien l'une et l'autre cause? Vers neuf heures, cinq ou six selles se succèdent à quelques minutes d'intervalles. Elles ressemblent à de l'eau trouble, les dernières surtout.

De plus, il en résulta une cuisson à la marge de l'anus, qui persista deux jours, surtout pendant la marche. Elle était le résultat de l'action de l'huile de croton sur cette partie ; action qui eut lieu lors du passage des matières.

PROPRIÉTÉS CHIMIQUES.

L'huile de croton, même dans le parenchyme, a une réaction acide. L'acidité de l'huile essentielle, la vieillesse des graines rendent compte de ce caractère. Au contact de l'air, sa densité et sa consistance augmentent beaucoup, en même temps qu'elle perd de ses propriétés. Il faut noter que les huiles vieilles, chauffées, ou exposées à l'air deviennent acides (Ex. : huile d'olive).

Chauffée peu à peu, l'huile de croton laisse d'abord échapper des vapeurs d'eau, puis, à 100° et au-dessus de l'huile essentielle ; au-dessus jusqu'à 250°, il se produit des vapeurs blanches incoercibles, et l'huile devenue très-brune est toujours acide ; malgré cette haute température le principe âcre crotonique n'est pas entièrement détruit, car une fraction de centigramme détermine dans la bouche une ardeur caractéristique. Le réactif Poutet transforme l'huile de croton en une colle, filante même après deux ans. Tous les réactifs chimiques tout en ne détruisant pas entièrement l'activité de l'huile, tendent à la diminuer.

ESSAI PHARMACEUTIQUE DE L'HUILE DE CROTON.

1° Si une goutte de l'huile suspecte tombe au fond dans l'hydralcool à 47° (densité 940,3) à+15° centig, et surnage dans celui à 45° (densité 944), on a affaire à :

A. L'*huile de croton pure;* ou bien,

B. Un *mélange huileux* de la même densité, dans lequel entre l'huile de ricin (densité 966) et une autre huile plus légère destinée à en ramener le degré densimétrique au niveau de celui de l'huile de croton.— Par l'alcool à 96° on enlève plus ou moins l'huile de ricin et une partie de l'huile de croton, on chasse au bain-marie l'alcool que retient le *reliquat* dont il ne reste plus qu'à examiner la densité pour apprécier l'importance du mélange.

2° La goutte surnage-t-elle dans l'alcool à 47°, deux cas à distinguer :

A. *Huile de croton contenant de l'alcool.* L'agitation avec l'eau, l'exposition au bain-marie lui font perdre de son volume et de son poids. Chauffée dans un tube bouché, de petites *gouttelettes* inodores, d'apparence aqueuse, se condensent sur les parois et retombent dans l'huile sans s'y dissoudre immédiatement.

B. *Huile de croton contenant une huile plus légère.*— Volume et poids irréductibles par l'eau ou la chaleur

du bain-marie. (L'huile de croton, comme probablement toutes les huiles, retient une certaine quantité
d'eau, mais pas assez pour donner lieu à des gouttelettes; elle se condense sous forme de *buée* le long des
parois du tube).

2° Lorsque la goutte se précipite dans l'hydralcool
à 45°, deux cas :

A. *Huile de croton rance*, souvent décolorée, jaune
clair; odeur de rance, congelable en masse solide vers
0° plus ou moins: densité pouvant atteindre 947°, mais
n'allant guère au delà.

L'acool à 96° n'en extrait pas une huile plus lourde
(mélange d'huile de ricin et d'huile de croton).

B. *Huile de croton mêlée d'huile de ricin*. Densité
pouvant dépasser 949° (alcool à 42"). L'alcool en
extrait une huile plus lourde (mélange d'huile de
ricin et d'huile de croton).

NOTA. — Lorsque l'on prend la densité de l'huile
de croton au moyen de l'hydralcool, l'examen doit
être fait dans la première minute, car après, l'huile,
absorbant la partie spiritueuse de ce liquide, remonte
à la surface. C'est ce qui arrive toujours pour l'huile
de croton pure. Il faut aussi, lorsque la goutte pro-
jetée reste à la surface, s'assurer qu'elle n'y est pas
retenue par une petite bulle d'air; dans ce cas on l'en
débarrasse par l'agitation.

Nous avons fait construire un *pèse-huiles lourdes*,

dont l'échelle densimétrique de 935° s'élève à 97,5 et donne des résultats plus précis pour prendre la densité que la méthode des mélanges ; mais cette dernière n'exige qu'une petite quantité d'huile, et est la seule pratique lorsqu'on n'en a à sa disposition que quelques grammes.

La méthode des dissolutions appliquée à l'essai pharmaceutique de l'huile de croton ne nous a pas donné de résultats précis. L'addition d'une petite quantité (1/10) d'huile de ricin *paraît* rendre l'huile de croton moins soluble dans l'alcool à 90°, mais augmente considérablement sa solubilité dans l'alcool à 96°. Un vol. huile de ricin, 3 vol. huile de croton : agiter avec 4 vol. alcool à 96°, celui-ci gagne 2 volumes.

EFFETS PHYSIOLOGIQUES DE L'HUILE DE CROTON.

A. *prise à l'intérieur.*

OBSERVATION Ire.

1° Deux gouttes d'huile de croton prises en pilules purgent bien ; 2° elles produisent un effet deux fois plus considérable que 0 gr. 10 de savon d'huile de croton, représentant deux gouttes d'huile.

Le nommé Simon, employé de bureau, âgé de 26 ans, d'un tempérament moyen, se portant bien habituellement, est pris, en septembre 1861, d'une colique abdominale violente, avec fièvre et frissons. La figure est inquiète et grippée ; l'urine peu colorée. La douleur se fait sentir à l'épigastre et à la partie supérieure de la région ombilicale, mais un peu à gauche ; elle s'étend en arrière, vers le bas de la région dorsale. Comme la pression sur l'abdomen et la flexion du tronc le soulagent, il se tient pour ainsi dire entre les deux mains : l'une en avant, au bas de l'épigastre ; l'autre en arrière, au niveau des trois ou quatre dernières fausses côtes.

Il n'y a pas de coloration des sclérotiques ; les selles sont normales et ne contiennent pas de calculs biliaires ; aucune affection ou trouble dans les organes génito-urinaires.

Depuis quelques années, huit ou dix fois par an, il a des accès de fièvre avec coliques et frissons, chaleur, sueurs, mais moins violents que celui-ci.

L'eau de Sedlitz et le sulfate de quinine ayant déjà été administrés sans résultat, on eut recours à l'huile de croton.

Deux gouttes en deux pilules furent prises le 14, vers deux heures du soir ; trois heures après, c'est-à-dire à cinq heures, une première selle très-abondante, non précédée de nausées.

De cinq à six heures trente minutes, cinq selles aqueuses accompagnées de quelques coliques intestinales.

A huit heures, ingestion d'une omelette.

Huit heures trente minutes, de fortes coliques sont les avant-coureurs d'une sixième selle, bientôt suivie d'une septième et dernière.

Les douleurs abdomino-dorsales avaient à peu près cessé.

Le matin il n'y paraissait plus rien; seulement quelques borborygmes, accompagnés de légères douleurs intestinales à gauche, suivirent l'ingestion des aliments.

Pour ne pas nous interrompre sur ce qui reste à dire sur le sieur S..., il faut ajouter que, trois mois après, éprouvant un malaise qui lui faisait craindre une rechute, il fit usage de cette potion.

Savon d'h. de croton datant de 3 ans.　　0 $^{gr.}$ 10 représentant 2
　　　　　　　　　　　　　　　　　　　　　　　　gouttes d'huile
Eau............................　125 $^{gr.}$ 00
Sirop de rhubarbe..............　30 $^{gr.}$ 00　m. s. a.

Elle fut prise en une fois à cinq heures du matin.

A 9 heures, 2 selles très-liquides.

A dix heures trente minutes, une troisième et dernière.

Le tout fut rendu sans coliques.

Il n'y eut aucune âcreté perçue à la gorge.

OBSERVATION II.

Le sieur L....., de Francfort, âgé de 28 ans, tempérament sanguin, se plaint de temps en temps d'avoir des aphthes à la bouche.

Il mène une vie régulière sans excès d'aucun genre; la santé se lit sur sa mine rubiconde.

Cependant la réapparition de ces aphthes sur la langue ou les parois buccales, à l'occasion de la moindre cause, l'entretient dans une inquiétude continuelle. Il sait que son père avait de ces aphthes ; lui-même y est sujet depuis son enfance. Il craint cependant qu'une affection plus grave n'en soit la cause. Ayant pris deux jours de suite 1 gramme d'iodure de potassium, le troisième jour il a la tête, le cou, les cuisses, etc., couverts de boutons d'éruption qui seraient de nature douteuse, si on ne savait à quoi les attribuer.

Il veut se purger pour échapper au danger qui le menace, mais une bouteille d'eau de Sedlitz a déjà été prise sans résultat.

C'est alors qu'on a recours à l'huile de croton.

Deux gouttes en 2 pilules sont prises à six heures du matin par le sieur L.....

A sept heures, il commence à *aller*.

Les garde-robes aqueuses continuent à se succéder fréquentes et accompagnées de coliques.

A dix heures le dévoiement cesse.

A onze heures trente minutes une dernière selle clot la période purgative, qui a donné 20 garde-robes, d'après le dire du malade.

Une déperdition de liquide aussi considérable n'a pas eu lieu sans un peu de fatigue et de pâleur passagère, il est vrai.

Le sieur L... dîna à six heures comme d'habitude. Trois jours après il était débarrassé de ses aphthes et de ses boutons, mais la dose d'iodure fut réduite à 0 gr. 25.

OBSERVATION III.

Administration de deux gouttes d'huile de croton dans 30 grammes d'huile de ricin ; effet purgatif faible.

Thérèse est native de Bordeaux ; sa santé laisse à désirer.

Comme depuis quelque temps elle rendait des cucurbitins vivants, elle prit une dose de cousso, qui donna 3 selles.

Le tænia n'y fut pas trouvé. Quelques jours après, une nouvelle dose n'amena pas de ver.

Le soir elle prit 2 gouttes d'huile de croton dans 30 grammes d'huile de ricin. Ce mélange fut pris avec si peu de dégoût qu'il fut trouvé meilleur que l'huile de ricin ordinaire.

Deux heures trente minutes après l'ingestion de ce purgatif, il y eut deux selles, puis une troisième et dernière, vers six heures du matin, contenant de l'huile et des glaires.

OBSERVATION IV.

Une goutte d'huile de croton et 30 grammes d'huile de ricin à l'état d'émulsion produisent un effet purgatif considérable.

Le nommé C....., natif de la Manche, d'une constitution un peu débilitée, est affecté depuis plusieurs années d'une affection tuberculeuse de l'épididyme et de la prostate. Il y a aussi de temps en temps une entérite chronique, analogue à l'entérite glaireuse que M. Nonat a décrite chez les femmes atteintes d'affections utérines. Des hémorrhoïdes internes compliquent la situation.

Vers la fin de janvier 1862, C... voit sa situation s'aggraver.

L'entérite s'annonce par les glaires qu'il rend fréquemment.

Une pesanteur douloureuse au bas-ventre, au périnée et à l'anus, indique une congestion maladive dans tous les organes du petit bassin. L'envie d'uriner le réveille 7 ou 8 fois dans la nuit, et la plupart du temps il s'épuise en vains efforts.

Alors, d'après le conseil qui lui a été donné, il prit la potion suivante émulsionnée :

Huile de croton, une goutte..	0,03
— de ricin................	30,00
Sirop de gomme.............	25,00
Eau de laurier-cerise........	5,00
Eau......................	120,00 f. s. a.

Le malade ingéra ce purgatif en une seule fois, et le trouva agréable. Il a le goût d'un looch, dit-il.

L'effet fut prompt ; 15 selles de huit heures du matin à six heures du soir.

Le patient s'est dit soulagé, et débarrassé de ses pesanteurs.

OBSERVATION V.

Le même purgatif que dans l'observation précédente est administré et produit
un effet moins prononcé, peu différent de celui de 45 grammes d'huile de
ricin émulsionnée.

Un spahis, E...., natif de Bordeaux, après un séjour
de deux ans en Afrique, eut le ver solitaire qu'il ex-
pulsa par le cousso.

Se trouvant en congé à Paris, il éprouva quelques
symptômes qui lui firent craindre la présence de ce
ver.

Comme purgatif ordinaire il prit la potion formu-
lée à l'observation précédente.

Il était neuf heures du matin; après l'ingestion il y
eut quelques nausées, et à dix heures l'effet purgatif
commença.

Depuis cette époque jusqu'à trois heures, 6 selles
abondantes.

Le soir, léger repas.

Aucun ver ou cucurbitin ne fut rendu.

OBSERVATION VI.

Ingestion de huit à dix gouttes d'huile de croton; elle est vomie en grande
partie. Effet purgatif considérable sans suites fâcheuses.

En 1861, le nommé V...., âgé de 29 ans, ingéra 8 à
10 gouttes d'huile de croton mêlée par mégarde à un
aliment.

Quelques secondes après, une chaleur poivrée, d'abord peu intense fit penser au poivre ; mais, la minute écoulée, le doute ne fut plus possible sur la cause du feu qu'il éprouvait. Le palais a ressenti le premier les atteintes ; puis le voile du palais, l'isthme du gosier, le pharynx, la langue, les lèvres, eurent successive ment leur tour.

V..... continua son repas, afin de faire absorber l'huile par les aliments ingérés ; puis avalant un verre d'eau tiède, il se titilla la luette et le pharynx.

Il se procura ainsi quatre ou cinq vomissements ; les derniers, favorisés par l'action de l'huile de croton sur l'estomac et l'œsophage, n'eurent plus besoin d'être sollicités.

Quelques minutes après un mouvement intestinal sonore et très-peu sensible annonça que le tube intestinal ressentait les atteintes du drastique. En effet, vingt minutes après l'ingestion de l'huile, les déjections liquides commencèrent : pendant six à huit heures que dura le mouvement, il y en eut une quinzaine très-copieuses.

La face du patient indiquait la fatigue et la faiblese. Les extrémités étaient froides.

Le soir une soupe fut prise avec plaisir, et vingt-quatre heures après, reconforté par deux repas, V..... reprenait ses occupations.

B. *Huile de croton employée à l'extérieur.*

STRUCTURE DE LA PEAU AU POINT DE VUE DE L'ÉRUPTION.

Pour se rendre compte de l'action de l'huile de croton sur la peau, il est bon de se rappeler la structure de celle-ci.

Elle comprend de l'extérieur à l'intérieur :

1. L'ÉPIDERME, couche externe, insensible, non vasculaire, composée uniquement de cellules pavimenteuses. On y distingue :

A. La *couche superficielle ou cornée*, au contact de l'air, transparente, incolore, sèche, résistante, composée de cellules lamelleuses, très-adhérentes entre elles et stratifiées sur plusieurs lits (dont les profonds sont teintés chez les nègres).

B. La *couche profonde, molle* ou de *Malpighi*, peu résistante, toujours très-colorée chez les nègres, composée de cellules polyédriques ; elle se subdivise en :

a. Sous-couche supérieure, ou *corps muqueux*, composée de plusieurs rangs de cellules non stratifiées, confusément entassées, peu adhérentes entre elles ; leur teinte, lorsqu'elles en ont une, est plus foncée à mesure qu'elles sont plus profondes.

b. Sous-couche inférieure ou *du pigment*, composée d'un lit simple de cellules. Situé sous le corps muqueux, il recouvre immédiatement le derme, dont il suit toutes les aspérités. Tandis que dans les cellules du corps muqueux la coloration lorsqu'elle existe y est à l'état de teinte, ici elle est sous forme de granulations répandues assez uniformément dans la cellule.

II. Le DERME ou couche profonde de la peau, sensible, vasculaire, dont la trame est composée de fibres du tissu connectif.

Sa face externe est parsemée de monticules qui forment les papilles (couche papillaire). Sa face interne est séparée du tissu graisseux par une couche de tissu connectif.

La *peau* est parsemée d'orifices de canaux excréteurs. Ainsi les follicules pileux, les glandes sébacées, les glandes sudoripares, qui ont leur point de départ dans le tissu graisseux, versent par leurs conduits à la surface de la peau le produit de leur travail physiologique.

L'*épiderme*, et plus spécialement la couche cornée, se ramollit, perd sa sécheresse et sa résistance, et tend à se rapprocher de l'épithélium des muqueuses :

1° Lorsque, plus ou moins privé du contact de l'air ou des frottements extérieurs, il est lubrifié par des liquides animaux;

2° Lorsqu'il est de nouvelle formation.

Alors il a perdu sa résistance, se laisse pénétrer facilement par les agents *chimiques* ou *physiologiques*, et s'exfolie plus ou moins facilement.

Tel est l'épiderme qui circonscrit les orifices naturels ou accidentels.

L'épiderme du rebord des paupières, des narines, des lèvres, du conduit auditif, de l'anus, des grandes et petites lèvres, du prépuce et du gland ; de l'orifice cutané des canaux excréteurs des follicules pileux, des glandes sébacées et peut-être des glandes sudorifiques ; l'épiderme des sillons des replis cutanés des personnes grasses, du pourtour des plaies.

Sur toutes ces parties l'action irritante de l'huile de croton se fait sentir dans toute sa force. La moindre quantité suffit. Aux organes génitaux lubrifiés, la couche superficielle est si molle qu'elle ne peut supporter l'effort de la sérosité sous-jacente. Aussi constate-t-on toujours la chute de l'épiderme et jamais de vésicules.

La couche épidermique qui avoisine les poils a assez de résistance pour se laisser distendre, et forme les vésicules qu'on rencontre à la base des poils.

La couche cornée de l'épiderme est plus résistante et plus épaisse à la face dorsale du tronc et des membres qu'à la face ventrale. C'est à la plante des pieds, à la paume des mains qu'elle est la plus développée ; et comme l'action de l'huile est en raison inverse de son épaisseur et de sa résistance, la conséquence est facile à en tirer.

Le médecin devra proportionner la dose à la résistance supposée de la partie où le médicament doit être appliqué.

L'épiderme de la paume des mains, du talon, etc., des travailleurs, le tissu cicatriciel, rebelles à l'absorption, le sont aussi à l'action éruptrice.

Là, en effet, pas d'orifices de glandes sébacées, pilifères, pas de parties molles; le tissu y est sec, résistant. L'élément fibre qui compose le tissu cicatriciel en particulier rend compte de sa résistance.

L'épiderme de la face, tendre, placé sur un réseau vasculaire riche, se laisse soulever facilement et forme des vésicules souvent irrégulières et confluentes.

Le tissu connectif sous-cutané des paupières se laisse distendre et s'œdématie avec la plus grande facilité, lorsque l'agent crotonique a été porté sur l'épiderme palpébral.

ACTION PHYSIOLOGIQUE DE L'HUILE DE CROTON SUR LA PEAU.

Lorsqu'on applique de cette huile, sur le bras par exemple, au bout d'un temps variable (une demi-heure ou plus), selon la quantité appliquée et la nature de l'épiderme, elle se ressuie, c'est-à-dire que la peau a perdu l'apparence huilée. Alors l'huile s'est étendue en surface et a imbibé l'épiderme ; il en reste cependant encore dans les sillons de l'épiderme, à la base des poils, longtemps après le *ressuiement*. On s'en convainc facilement en appuyant, sur la peau, du papier de soie qui s'y tache, ou en touchant la partie avec une épingle, puis la portant aux lèvres, qui perçoivent l'âcreté.

Lorsqu'une étoffe quelconque recouvre la partie huilée, elle absorbe toujours une partie du médicament.

Une heure, au plus tôt, mais souvent plusieurs heures après, une faible *démangeaison* commence à se faire sentir; c'est l'indication du moment où les pupilles du derme commencent à ressentir l'action du révulsif. La chaleur et le frottement font naître le prurit, ou l'exaspèrent lorsqu'il existe déjà. Trois ou quatre heures après l'application de l'huile, on peut déjà apercevoir de la *rougeur*, mais souvent elle n'apparaît que six ou huit heures après, et même quelquefois après un temps beaucoup plus long.

Cette rougeur marque un pas de plus dans la marche de l'inflammation crotonique; elle est le signe extérieur de l'injection des capillaires du derme.

Bientôt après la rougeur paraît plus vive dans certains endroits qui en s'élevant donneront des *boutons* ou éruption proprement dite. La base des poils en est le siége le plus fréquent, et nous avons dit pourquoi.

La démangeaison est toujours suivie d'éruption, mais celle-ci peut s'arrêter à son début et disparaître en vingt-quatre heures sans donner lieu à la formation de pustules.

Quelques heures après, les boutons d'abord pleins (*élevures* ou *papules*) s'acuminent et deviennent transparents à leur sommet quinze à vingt heures, plus ou moins, après l'application. Cette transparence est due à de la sérosité; les boutons sont devenus *vésicules.*

Quelque temps après, ces vésicules s'affaissent, leur contenu s'augmente, se trouble, il contient du pus; ce sont des *pustules*. Elles se distendent, s'élargissent, d'ordinaire s'ombiliquent. C'est la gaîne inextensible d'un poil, ou le canal excréteur d'une glande sébacée, qui produisent ordinairement l'ombilication.

Lorsque les pustules sont petites, elles se trouvent le plus souvent sur le côté de la base des poils, lesquels sont plus ou moins rapprochés, plus ou moins engagés dans leur contour. Mais les pustules, venant à grandir, contournent les poils qui se trouvent ainsi occuper le centre de chaque pustule.

Degrés d'inflammation de la peau; siége de l'éruption.

a. Si l'inflammation se borne à la production des pustules et s'arrête légère à la partie superficielle du derme, on ne constate que de la rougeur, un gonflement léger, de la démangeaison, *pas de douleur* proprement dite; mais souvent elle continue sa marche.

b. La *douleur*, la rougeur intense, le gonflement à bords limités, dénotent que le derme est pris dans toute son épaisseur.

c. L'*empâtement*, le gonflement plus considérable à bords moins limités, annoncent que le tissu cellulaire ou connectif sous-cutané lui-même est atteint.

Différentes espèces de pustules.

Trois espèces de pustules, ordinairement en rapport avec le degré d'inflammation de la peau, peuvent se rencontrer.

1° La *pustule intra-épidermique*, superficielle, petite, nettement délimitée, paraissant apposée sur la peau, insensible. Elle ne laisse presque pas de trace après sa desquamation, si ce n'est un cercle irrégulier, provenant de la déchirure de la couche épidermique qui recouvrait la pustule. Elle se forme entre les lames de la couche cornée ou entre celle-ci et la couche profonde de l'épiderme.

Cette situation superficielle explique pourquoi on la rencontre quelquefois au sommet d'une pustule plus profonde; en effet, celle-ci partant de plus bas la soulève avec l'épiderme entier et on a de la sorte une *pustule à double étage*.

L'évolution de la pustule intra-épidermique dure à peine deux ou trois jours, mais, étant très-petite, quelquefois elle se vide sans que sa coque épidermique s'affaisse; ce qui peut en imposer pour la durée.

2° La *pustule sous-épidermique*, plus profonde que la précédente, soulevant toute l'épaisseur de l'épiderme, entourée d'une auréole inflammatoire qui disparaît quand elle se flétrit, sensible mais pas douloureuse spontanément. Son contenu est blanchâtre. Elle augmente pendant deux jours, reste stationnaire le troisième et se flétrit le quatrième.

Les femmes voient l'éruption et l'évolution des pustules se faire plus promptement. Quelquefois l'épiderme qui recouvre la pustule se laisse distendre et prend la forme d'une bourse ou d'un champignon à base étranglée.

La réunion de plusieurs pustules donne lieu à des *pustules composées*.

Après sa flétrissure, la pustule se dessèche pendant deux ou trois jours, puis se desquame. C'est vers le septième jour, sur l'emplacement de la pustule, que la desquamation commence pour se propager à l'épiderme voisin non soulevé.

3° La *pustule dermique*, c'est la précédente à base enflammée profondément. Son contour est moins délimité, il est enflammé, engorgé, ce qui la fait paraître plus engagée sous la peau. Elle est *élevée, dure, douloureuse*, contenant à une certaine époque des globules de sang, qui lui donnent l'apparence brune. C'est le derme enflammé, altéré, qui les a donnés.

L'évolution dure deux jours de plus que pour la pustule sous-épidermique.

4° A ces trois espèces de pustules on peut en ajouter une quatrième : la *pustule* ou *tubercule folliculaire*. C'est un bouton dur, indolore ou à peu près, solide, rouge-brun, ayant à son sommet pointu une petite quantité de pus qui est ordinairement déjà desséché quand on l'observe. Il est dû à l'inflammation d'un follicule pileux, venue à la suite d'une pustule siégeant à l'orifice du canal folliculaire. Ne suppurant pas, il se termine par résorption après une durée de douze à quinze jours.

C'est pendant la période de desquamation générale de l'éruption, qu'on observe le mieux le bouton folliculaire, toute autre rougeur que la sienne ayant pâli ou disparu.

L'inflammation se borne régulièrement à l'évolution des pustules (de la deuxième espèce surtout), qui, après la desquamation, laissent des taches cuivrées qui disparaissent peu à peu.

Mais, ce qui est rare, si le derme suppure, perd de sa substance, une cicatrice en résultera. Les boutons écorchés laissent plutôt des traces que ceux laissés intacts.

La gangrène partielle même peut arriver comme après toute inflammation violente, mais je ne l'ai jamais observée.

Voici un exemple d'éruption crotonique.

OBSERVATION VII.

Le nommé André (Joseph), domestique, âgé de 25 ans, tempérament lympho-nerveux, cheveux châtains, barbe rare, est entré dans le service de M. Nonat à la Charité.

Il se plaint de mal digérer, de sentir une boule lui remonter de l'estomac à la gorge ; de plus il a une bronchite chronique. Son pouls, ordinairement assez calme, donne 60 pulsations. La digestion fait naître un mouvement fébrile qui dure deux à trois heures. C'est surtout alors qu'il se plaint de sa boule, laquelle, soit dit en passant, ressemble assez à la boule dite hystérique. Elle paraît due, comme cette dernière je pense, à un mouvement spasmodique de l'œsophage et peut-être de l'estomac.

Il y a eu une uréthrite il y a huit mois.

Le 17, 12 gouttes d'huile de croton sont ordonnées en onctions sur l'épigastre.

Le 18. Éruption papulo-pustuleuse, l'estomac est mieux.

Le 19, les pustules sont plus avancées, la base en est enflammée; quelques-unes plus grandes que les autres n'ont déjà plus d'auréole inflammatoire, mais sont pleines et tendues.

On remarque aux bourses de larges phlyctènes; le pubis a quelques pustules; le gland est dépouillé en partie de son épiderme. Tout cela indique clairement que la main du malade, imprégnée d'huile, n'a rien respecté. Les yeux même ressentent une légère cuisson.

L'urine est plus colorée qu'hier, la miction cause de la chaleur à l'extrémité de la verge; ce qui est expliqué suffisamment par l'état du gland et du prépuce.

Le 20, le malade dit que les boutons *ne lui cuisent pas beaucoup*, il ressent de la chaleur. Une rougeur générale se remarque dans la partie éruptionnée qui est couverte de nombreuses pustules blanches, lisses, tendues, peu auréolées. Celles qui étaient hier dans le même état sont flétries.

De petites papulo-vésicules naissent, d'autres auréolées sont sur le point de passer à l'état de pustules proprement dites.

Le 21, l'appétit est plus fort que les jours précédents.

Les pustules qui hier étaient flétries ne sont plus représentées que par une tache ou croûte jaune, résultant du pus et de l'épiderme desséchés ; celles qui étaient à leur apogée sont affaissées.

On en remarque de très-petites sans aréoles, remarquables par leur régularité, leur petitesse et l'absence complète de toute rougeur à leur contour. Ce sont des pustules développées entre les lames de la couche cornée de l'épiderme (*pustules intra-épidermiques*).

Le **22**. La nuit a été mauvaise, la bouche amère, la langue sèche, il y a eu des nausées. 68 pulsations. L'abdomen est sensible.

La rougeur générale diminue ; parmi les pustules qui sont devenues plus rares, on en voit qui sont saillantes, sensibles, auréolées, et dont le contenu paraît rougeâtre. Cette coloration est due à des globules sanguins mêlés au pus. Ce sont les *pustules dermiques* ou *sanguino-purulentes*.

J'en remarquai une, grosse, surmontée d'une plus petite ; c'est le *pustule à double étage* dont il a été parlé plus haut.

Il y a quelques croûtes épaisses provenant de pustules écorchées par les ongles du malade.

La diète est prescrite.

Le **23**, diminution de l'éruption et de la rougeur ; nouvelles croûtes provenant de pustules déchirées.

Une plaque dartreuse qui existait vers le centre de l'éruption a presque disparu.

Le malade se plaint d'une douleur vive sur un côté du thorax, augmentée par les mouvements respiratoires, mais non douloureuse à la pression.

Pas de selles depuis trois jours. Lavements laxatifs.

Le 24. Çà et là de nouvelles pustules arrivent à leur apogée, tendues, luisantes; d'autres se flétrissent.

La place occupée par la plaque dartreuse est devenue nette.

L'évolution des pustules retardataires paraît plus prompte que celles des premiers jours. Telle, en effet, était hier dans son plus grand développement, qui maintenant ne laisse presque plus de traces; l'épiderme soulevé s'est replacé sur le derme.

La *pustule à double étage* observée le 22 s'est développée; l'étage supérieur constitué par une pustule intra-épidermique a pu augmenter, par un effet d'endosmose probablement; sa circonférence n'est plus parallèle avec celle de la pustule inférieure.

Le 25, toutes les pustules sont affaissées.

La desquamation commence par les petites pustules non auréolées.

Le 26 elle se prononce davantage.

La plaque dartreuse apparaît de nouveau.

La boule a été ressentie.

Le passage de l'urine cause quelques douleurs dans le canal.

Le malade dit qu'il a mangé du salé et bu du vin, que dans ce cas il ressent de la chaleur en urinant. L'examen du méat urinaire permet de constater un écoulement uréthral.

Le **28**. La chute des croûtes provenant des pustules écorchées donne lieu à des creux; tandis que celle des autres laisse pour la plupart leur aire surélevée, de sorte que la main perçoit des élévations rugueuses. On reconnaît l'emplacement de ces croûtes, longtemps après leur tombée, à une coloration brunâtre qui rappelle la teinte cuivrée des syphilides.

Le **30**, la rougeur diminue, la desquamation continue en s'élargissant.

CAUSES DES VARIATIONS DANS LES EFFETS DE L'HUILE DE CROTON ET DE SES DÉRIVÉS.

L'éruption produite est le résultat de l'action du principe actif du croton, augmenté ou diminué par telles ou telles causes.

Aident l'action éruptrice, la fluidité de l'huile de croton, sa fraîcheur, son peu de dispersion, la non-absorption par les vêtements, la mollesse de l'épiderme, la vascularité du derme et des parties sous-jacentes, le frottement, avant, pendant et après; la chaleur de la partie, le voisinage d'une inflammation, l'existence de poils, d'orifices naturels ou accidentels, de plis de la peau; la chaleur ambiante, la friction forte, de plus *l'action* de l'huile augmente en proportion de la quantité employée, 10 gouttes produisent un effet plus fort ensemble que séparément. Le principe actif de l'huile de croton dissous dans l'alcool agit plus promptement et plus fortement.

Les causes opposées à celles indiquées ci-dessus diminuent l'intensité de l'action éruptive.

Il paraît facile de déterminer le degré de force d'une huile ou d'une préparation de croton, mais il n'en est point ainsi.

Plusieurs ont cherché en vain à déterminer l'influence des procédés d'extraction sur la force de l'huile de croton ; on a avancé que l'âge en augmentait la puissance, tandis que c'est le contraire qui est vrai.

Deux huiles de même force peuvent avoir une action différente ; la même huile sur la même partie donnera des résultats variés. C'est ce qui explique l'influence des causes accessoires dont on vient de parler.

Aussi, lorsqu'on expérimente sur plusieurs échantillons d'huile de croton pour en rechercher la force relative, il faut le faire dans les mêmes conditions, et employer la même *quantité* de chaque huile.

La puissance éruptrice est indiquée bien plus par la profondeur que par l'étendue de l'éruption.

ESSAIS POUR RECHERCHER LA FORCE RELATIVE DES DIFFÉRENTES HUILES DE CROTON.

La région choisie pour être le champ des expériences est l'avant-bras, surtout la surface dorsale, à cause des facilités que cette partie offre pour l'examen.

Les points imprégnés des huiles à essayer seront

indiqués par les lettres A, B, C, etc., et placés sur une même ligne droite parallèle à l'axe du membre ; ils doivent être séparés du pli du poignet par une distance d'au moins 5 centimètres.

Lorsque l'examen simultané a lieu sur un nombre considérable d'huiles, les points de la peau sujets de l'expérience sont choisis sur deux lignes parallèles. La quantité employée de chaque huile est de 1 centigramme au plus ; elle est déposée sur la peau à l'aide d'une épingle ou d'une aiguille à tricoter ; après chaque apposement d'huile, on essuie l'objet porteur, épingle, aiguille, afin d'éviter le mélange.

Dans les expériences qui vont suivre, un chiffre entre deux parenthèses se trouve placé après chaque lettre ; il sert à indiquer le résultat de l'expérience, c'est-à-dire l'intensité relative de l'éruption de la partie indiquée par la lettre, et par conséquent la puissance relative de l'huile qui y a été déposée. Le chiffre 1, par exemple, annonce l'éruption jugée la plus forte ; le chiffre 2, celle qui vient après, et ainsi de suite.

On n'a donc qu'à jeter un coup d'œil à la suite des lettres A, B, C, etc., pour avoir à peu près les résultats de l'expérience.

1er ESSAI.

En novembre 1861, sur la face dorsale de l'avant-bras droit, je mis en

A (2), huile de croton par expression des amandes moulues, datant de 8 jours;

En B (2), huile de croton par expression, graine entières moulues, datant de 8 jours.

— C (1), huile de croton par expression, graines entières moulues, datant de 1 an, brune.

— D (1), huile de croton par expression, graines entières moulues, datant de 1 an, blonde.

— E (2), huile anglaise d'un jaune doré, peu fluorescente, de 5 ans.

— F (1), huile obtenue du tourteau de croton par l'alcool froid.

— G (1), Teinture méthylique d'huile de croton (1 p. huile, 2 p. esprit de bois).

Chaque partie a été imprégnée d'environ 1 centigr. d'huile, il en sera de même pour les essais suivants.

Le lendemain, d'une manière générale, l'éruption est pustuleuse, et surtout forte vers F et G, puis un peu moins en C, D, mais il y a peu de différence; viennent ensuite A et B, puis E dont l'éruption est la plus faible. C'est en F que les pustules ont été le plus tôt formées.

Le 13, il ne reste que peu de chose, mais D, F, G sont au premier rang.

2ᵉ ESSAI.

29 mars 1861. L'expérience a toujours lieu sur l'avant-bras, de même que pour les essais qui suivront.

En A (2), huile par expression simple.
— B (1),   —   —   avec l'alcool comme intermède.
— C (3),   —   *solution* (évaporation de la teinture *al-
coolique* de *tourteau*.
— D (4), huile par expression (avec l'eau comme intermède)
d'un tourteau déjà traité par l'alcool.

Le lendemain, légère démangeaison qui, ainsi que l'éruption, est plus forte en B.

En A, C, les boutons sont moins nombreux; D n'offre presque rien.

Le 30 au soir, démangeaison.

Le 31, la rougeur diminue surtout en C et en A.

B possède 8 à 10 boutons ou pustules.
A   —   5 ou 6   —
C   —   3 ou 4   —
D   —   1   —

1ᵉʳ avril. Pustules bien dessinées et causant de la démangeaison. B en a 7; A, 2; C en a 2, mais moins grosses ; D n'a pas de pustules, mais un peu de rougeur.

Le 6, il y a quelques boutons tuberculeux ou folliculaires, indolores, rougeâtres.

3ᵉ ESSAI.

Le 5, à midi :

En A (1), huile par expression simple, datant de 8 jours.
— B (2),   —   —   —   6 mois.
— C (3),   —   —   —   2 ans.

— D (3),　　—　　　　—　　　　　—　　　　　2 à 3 ans (fonds
　　　de flacons).

— E (1), huile par solution alcoolique (évaporation de la tein-
　　　ture de tourteau.

— F (4), huile par solution éthérée.

A 9 heures, démangeaison et éruption, surtout en
A, B, E, très-faible en F; à minuit, forte démangeaison, surtout en A.

Le 6, au matin. Éruption plus prononcée ; son classement en commençant par la partie où elle est la
plus forte : 1° E, 2° A, 3° B, 4° C et D, 5° F, à 11 h.
25 m. ; la démangeaison reprend après déjeûner ;
à 3 h. 30 m. les pustules sont très-bien délimitées.

Le 7. Diminution de la démangeaison : B, C, D n'ont
presque plus rien.

En E, la plupart des pustules ont été *écorchées ;*
elles laissent quelques croûtes sans base enflammée.

Le 8. Avec sept ou huit boutons, A occupe le premier rang; E est à son déclin. Enfin le classement
d'après la rougeur et le nombre des pustules et
croûtes est le suivant : 1° A, 2° E, 3° B (1 pustule),
4° C (peu de chose), 5° D (presque rien), 6° F (invisible).

Le 11. C'est A qui conserve le mieux un reste d'inflammation. E se desquame et conserve encore de la
rougeur; le reste est plus ou moins invisible.

4e ESSAI.

Le 11, à 3 heures du soir.

En A (3), huile par expression simple datant de 6 mois.

— B (4),   —   —   2 ans.

— C (3),   —   —   2 à 3 ans (fond de flacons).

— D (2), huile par expression, avec l'eau alcaline comme intermède, datant de 4 jours.

— E (2), huile par expression avec l'alcool à 50 degrés comme intermède, récente.

— F (2), huile par solution ; teinture alcoolique de tourteau évaporée (alcool à 90 degrés).

— G (5), huile par expression (avec l'eau comme intermède), du tourteau déjà traité par l'alcool.

— H (1), huile par solution alcoolique (évaporation de teinture de croton).

— I (3), huile par solution éthérée (action de l'éther sur sem. de croton).

— J (4) huile par solution du sulfure de carbone.

Le soir, six heures après l'application de ces huiles, il y a de la démangeaison sans rougeur manifeste.

Le lendemain 12. Éruption sur tous les points huilés, lesquels peuvent être classés d'après leur importance : au premier rang, D, H, E et F, cependant D paraît enflammé plus profondément que les autres ; au 2ᵉ, A, B, C, I et J ; au 3ᵉ, G (éruption très-faible).

Le 13. Diminution de la rougeur, affaissement des boutons non pustuleux ; développement des pustules.

Ce jour, les points éruptionnés se trouvent ainsi classés : 1° H, 2° D, E et F ; 3° A, C et I ; 4° B et J ; 5° G.

5ᵉ ESSAI.

Le 11 juin 1863, à trois heures quinze minutes.

En A (2), huile de croton par expression simple, datant de
8 jours.
— B (1), huile de croton par expression simple, datant de
15 mois.
— C (3), huile de croton par expression simple, 3 fois lavée
par l'alcool à 56 degrés.

Dans la soirée, démangeaison et rougeur.

Le 12, il y a des boutons d'éruption, à peu près de
la même force partout.

Le 13, les pustules qui se sont formées diminuent,
surtout en C.

Le 15, l'éruption tient encore en B, est à son déclin en A; a disparu en C.

Le 17, il reste 3 ou 4 boutons durs, se desqua-
mant au sommet (boutons d'inflammation du follicule
pileux).

6ᵉ ESSAI.

Le 8 octobre 1863, à midi cinquante-cinq minutes.

En A (3), huile par expression simple, datant de quelques
jours.
— B (4), huile par expression simple des semences mondées ;
la dernière portion de l'huile écoulée sous la presse ;
datant de quelques jours.
— C (4), huile par expression avec l'eau pour intermède; de
5 mois. Les semences ont été moulues longtemps
avant l'expression.

— D (2), huile par expression avec l'eau alcaline pour inter-
    mède; récente.

— E (4), huile par expression avec 30 p. 100 d'alcool à 94
    degrés pour intermède, l'alcool n'étant pas entière-
    ment évaporé.

— F (1), huile par solution; évaporation de teinture alcoo-
    lique du tourteau frais de l'huile employée en A.

Le 9. Classement d'après la force de l'éruption :
1° F, 2° D, 3° A, B, C et E.

Le 10, sont au premier rang *ex æquo*, F et D.

7ᵉ ESSAI.

16 octobre 1863, midi vingt minutes.

En A (2), huile par expression simple, récente.

— B (2   —   avec l'eau pour intermède, ré-
    cente.

— C (2), huile par expression brune, de 5 mois (la même que
    dans C du sixième essai).

— D (1), huile par expression et solution (trait. du tourteau
    par l'alcool chaud, Soubeiran.

— E (1), huile par solution par l'éther (lixiviation lente).

— F (3),   —   expression, 20 p. 100 d'alcool à 95 degrés
    comme intermède.

A deux heures vingt minutes, commencement de
démangeaison, plus tard elle se prononce avec la rougeur dans l'ordre suivant : 1° D et E, 2° B et C,
3° F.

Le lendemain 17, les différentes éruptions peuvent
se classer ainsi : 1° D et E, 2° B et C, 3° A.

Le 21, il ne reste que quelques boutons, en E et en A surtout.

8e ESSAI.

28 janvier 1864, onze heures.

En A   huile par expression de 7 mois, la même que celle en C des 2 essais précédents.

— B (1), huile par expression avec l'eau alcaline comme intermède.

— C (3), huile par expression, avec 20 p. 100 d'alcool comme intermède.

— D (1), huile par expression et solution (trait. à froid du tourteau par l'alcool et addition de l'huile obtenue, à elle par expression. — *Procédé mixte.*

— E   huile par solution par l'éther; semences mondées; deuxième portion d'huile.

— F (2), huile par solution par l'éther; semences entières; récente.

— G (2), huile par solution par l'éther alcoolisé (parties égales); récente.

— H (3), huile par expression par le sulfure de carbone (récente).

Le lendemain, classement des points éruptionnés : 1° B et D, 2° F et G, 3° H et C. Quant à A et E, ils ne viennent qu'après B et D; mais ils n'ont pas été classés.

9e ESSAI.

Janvier 1864.

En A (2), huile par expression, de 2 mois.
— B (1),   —   avec 12 p. 100 d'alcool à 95
    degrés, de 1 mois.

L'effet produit en B est plus fort qu'en A.

10ᵉ ESSAI.

1ᵉʳ février 1864, à quatre heures quarante-cinq minutes.

En A (4), huile par expression (graines mondées); datant de
    2 mois.
— B (4), même huile que la précédente, additionnée de 25
    p. 100 d'alcool à 95 degrés.
— C (1), huile par expression avec intermède, 15 p. 100 d'al-
    cool à 95 degrés.
— D (5), huile par l'éther (semences mondées); deuxième par-
    tie d'huile écoulée.
— E (4), huile par l'éther (semences non mondées).
— F (2),   —   l'éther alcoolique à parties égales.
— G (3),   —   le sulfure de carbone, récente.

A six heures trente minutes, démangeaison qui se prononce d'avantage à sept heures : C, F, G, sont au premier rang ; D, E, au dernier ; A, B, gardent une position intermédiaire.

2 février, sept heures du soir. Grande démangeaison. Classement : 1° C, 2° F et G, 3° A et E. B est plus étendu que A, mais de la même force ; 4° D.

Le 3. Pustules délimitées, diminution de la rougeur. F gagne la première place à côté de C ; B, D, E, sont à la dernière.

Le 4. Classement : 1° C et F, le premier plus étendu, le second plus compact ; 2° E, qui possède une pustule profonde, folliculaire, apportant un renfort d'inflammation qui retentit dans toute la partie E ; 3° A, 4° G, 5° B, 6° D.

Le 6. Desquamation des pustules, les premières desséchées.

Le 8. Il n'y a plus d'inflammation ni de rougeur, si ce n'est dans quelques boutons solides qui ont succédé aux pustules et qui dureront encore longtemps.

11e ESSAI.

L'huile de croton par putréfaction est moins active que celle préparée par un autre procédé.

En effet, le 31 septembre 1863, à sept heures du soir, un quart de goutte environ de cette huile, datant de 18 mois à 2 ans, fut appliquée sur l'avant-bras.

Après avoir causé de la démangeaison à minuit, le lendemain à sept heures elle ne donna qu'une légère enflure et de la rougeur, sans boutons prononcés ; il ne s'y développa pas de pustules. Le jour suivant, l'éruption avait à peu près disparu.

12e ESSAI.

Teinture hydralcoolique d'huile de croton, obtenue par l'action de l'alcool à 56° sur l'huile de croton (2 p. alcool, 1 p. huile). Cette préparation est quatre fois plus faible que l'huile.

En effet, 1 goutte de cette teinture, placée sur le bras, n'a déterminé, le matin suivant, qu'une dizaine de petites papules, occupant 1 centimètre carré, et disparaissant le lendemain.

Cette préparation ne peut offrir d'avantages que lorsqu'il s'agit de procurer une rubéfaction ou éruption légère. Dans ce cas, elle est préférable à l'huile de croton étendue, comme d'une action plus prompte, plus facile à limiter. Elle est aussi bien transportable par les mains du malade.

Il ressort clairement des expériences ci-dessus : 1er, 3e, 4e, 6e, 7e, 8e essai, que l'emploi de l'alcool (ou de l'esprit de bois) comme dissolvant est le meilleur moyen pour obtenir un produit énergique ; que, employé comme intermède, il doit être employé en petite quantité (9e et 10e essai); que, en trop grande quantité (7e et 8e essai), le résultat n'est pas satisfaisant.

L'emploi de l'intermède alcalin et de l'éther alcoolique est aussi très-avantageux.

ACTION COMPARÉE DE LA TEINTURE MÉTHYLIQUE d'huile de croton au tiers (1 p. huile, 2 p. esprit de bois); et de l'huile de croton au tiers (1 p. huile, 2 p. huile d'amandes), employées à l'extérieur.

1° L'action de la teinture est 3 fois plus forte que celle de l'huile au tiers ;

2° L'huile de croton qui reste, après avoir subi l'action de 2 parties d'esprit de bois, conserve au moins le tiers de son principe actif.

I. L'expérience a toujours lieu sur la face dorsale de l'avant-bras, en A, pour l'huile de croton au tiers ; en B, pour la teinture. 1 centigramme de chaque substance est employé (13 août 1862, à trois heures 45').

Le 14, rougeur prononcée d'élevures, plus rouges en B qu'en A.

Le 15, en B, sur une surface de 3 centimètres carrés, garnie de 38 poils, il y a 24 boutons (élevures, vésicules, pustules). Dans ce nombre, il y a 14 pustules en rapport avec les poils, mais 3 seulement avec un poil à leur centre.

En A, à peine y a-t-il 3 ou 4 pupulo-vésicules ou pustules.

Le 17, plus de boutons en A. Il y en a encore en B.

II. L'huile de croton restant du traitement par l'esprit de bois a été soumise une seconde fois à l'action de ce liquide (1 vol.) ; puis une goutte de cette nouvelle teinture, appliquée sur le bras, a produit, quatorze heures après, une démangeaison légère et une rougeur parsemée de papules.

Le jour suivant, 21 août, sur 3 centimètres carrés, on compte 24 boutons d'éruption.

Le 23, il n'y a plus qu'une papulo-pustule et 7 ou 8 traces d'autres boutons.

Par ces deux expériences, on voit que l'action du principe *érupteur* de l'huile de croton se trouve augmentée par sa dissolution dans l'esprit de bois.

TEINTURE SATURÉE DE GRAINES DE CROTON.

Cette teinture se prépare par déplacement *intermittent* à l'aide de l'alcool à 90 degrés, de sorte que le *lixiviatum* égale en poids 2 fois la farine de croton employée.

L'opération doit durer huit jours ; chaque jour on laisse écouler goutte à goutte la huitième partie de la teinture à obtenir.

De sorte que le huitième jour l'opération est terminée lorsque le liquide écoulé représente en poids 2 fois la substance employée.

La teinture saturée de croton présente plusieurs avantages sur l'huile :

1° Elle agit plus promptement ;

2° Son action est plus énergique ;

3° L'emploi en est plus facile. Le transport n'est pas aussi à craindre.

Le Dr Dufour fils a su en apprécier tous les avantages, aussi l'emploie-t-il toujours à l'exclusion de l'huile. Il en badigeonne lui-même les parties qui doivent être éruptionnées.

La facilité dans l'emploi, l'énergie et la promptitude dans l'action, ramèneront beaucoup de praticiens à employer, sous forme de teinture saturée, le croton tiglium qu'ils avaient délaissé.

ACTION COMPARÉE DE LA TEINTURE SATURÉE DE GRAINE ET DE L'HUILE DE CROTON.

La teinture agit plus promptement, plus profondément, plus longtemps que l'huile.

16 janvier 1863. En A, sur l'avant-bras, je mets 1 centigramme de teinture saturée ; et non loin de là, en B, la même quantité d'huile de croton, préparée avec des graines de la même provenance que pour la teinture.

D'abord chacun des deux liquides occupe une surface de 1 centimètre carré ; puis s'étendant, l'huile couvre environ 3 centimètres carrés, tandis que la teinture ne dépasse pas 2 centimètres et demi carrés (5 heures 10').

La temprature de l'air était + 8 degrés.

A 6 heures 30 minutes, légère démangeaison en A.

A 7 heures, elle est plus forte, l'éruption commence en A, très-légère, sous forme de faible rougeur.

A cause du voisinage de A, on ne distingue pas s'il y a de la démangeaison en B.

A 10 heures, aucune sensation nulle part : l'éruption en A est très-apparente, les poils sont érigés.

En B, rougeur apparente.

Le lendemain, 17, après le lever, la démangeaison revient en A et en B, surtout pendant l'agitation des bras, et dure à peu près toute la journée.

Dans chaque partie, l'éruption boutonneuse occupe une surface de 4 centimètres carrés.

Le 18, la démangeaison, légère, augmente par le frottement.

Le 19, elle cesse, mais en A, une grosse pustule élevée, à bords enflammés, s'est développée ; son contenu est un peu brunâtre ; elle est douloureuse à la pression et même au frottement de la chemise : c'est une pustule dermique.

L'éruption en B disparaît; mais en A, elle est très-forte, soutenue par le renfort d'inflammation apporté par la grosse pustule.

Il y a, en A, un soulèvement qui fait saillie, le tissu connectif sous-cutané paraît engoué. La rougeur est intense.

Trois autres pustules avec auréole inflammatoire deviennent très-grosses ; leur diamètre a de 3 à 4 millimètres.

Le 20, la première grande pustule s'est affaissée.

Il y en a 4 grosses nouvelles, auréolées.

B est sec et sans pustules.

Le 21, la première grande qui s'est affaissée hier continue à s'aplatir. Les autres restent stationnaires le matin et se flétrissent le soir.

Le 23, toutes les pustules ont plus ou moins disparu ; il n'y a plus que 2 ou 3 boutons élevés, provenant de l'inflammation de follicules pileux. Un peu de démangeaison qui, le 24, cesse. Desquamation en A ; en B, il n'y a plus traces d'inflammation.

En A le gonflement a bien diminué.

Le 25, toujours taches rouges indiquant l'emplacement des pustules en A.

Le 31, il y a encore des rougeurs qui dureront un certain temps.

Teinture éthérée de croton saturée, préparée à parties égales avec les graines mondées entières, macérées pendant un an dans l'éther.

Cette teinture est chargée d'huile, quoique les graines n'aient pas été pulvérisées. Expérience sur son action à l'extérieur.

I.

Le 1er juillet 1862, à 4 heures 40 minutes après midi, une goutte de teinture saturée de croton, éthérée, fut apposée sur la face dorsale de l'avant-bras.

Deux heures après, 6 heures 40 minutes, démangeaison peu prononcée.

Le lendemain, à 6 heures du matin, sur une surface de 7 à 8 cent. carrés, on constate de la rougeur, de l'enflure et des élevures situées surtout à la base des poils. La démangeaison continue.

Le soir, à 5 heures, l'enflure diminue, la rougeur se limite autour d'un certain nombre de boutons qui deviennent vésico-pustuleux, tandis que les autres, trop faibles d'inflammation, commencent à disparaître.

Examinant isolément chaque centimètre carré de la partie éruptionnée, on trouve que :

le 1er cent. carré contient 15 poils, 10 bout., dont 2 hors du contact des poils.
le 2e   —   17 — 7 — 1 —
le 3e   —   17 — 8 — 2 —
le 4e   —   15 — 13 — 3 —
le 5e   —   11 — 10 — 1 (à peu de dist. d'un poil).
le 6e   —   13 — 6 — (tous en rapport avec les poils).

Plus tard, dans la soirée, les boutons, plus franche-ment purulents (pustules), se limitent davantage, ils sont très-petits ($0^m,001$ de diamètre).

Le 3. L'auréole de plusieurs pustules diminue ; quelques-unes, éloignées du centre, s'affaissent. La démangeaison qui existe, lorsque le bras s'agite, cesse lorsqu'il est nu, privé de tout contact.

Le 4. La plupart des pustules ont perdu leur au-réole. Les unes blanchissent par leur purulence, les autres s'affaissent et laissent à leur place une tache jaunâtre produite par l'*humeur* et l'épiderme de la pustule desséchée.

D'autres, en petit nombre, ne blanchissent pas, mais augmentent en volume; l'inflammation gagne en profondeur.

La démangeaison a cessé ; cependant on la fait re-paraître en passant la main deux ou trois fois sur le siége de l'éruption.

Le 5. Il n'y a plus que 2 ou 3 grands boutons proé-minents, durs, indolores, résultant de l'inflammation des follicules pileux, et 2 ou 3 petites pustules blan-ches non auréolées qui paraissent être de l'espèce *intra-épidermique*. Celles-ci disparaissent le 6.

Le 8. L'éruption peut être considérée comme guérie. Il n'y reste plus que 2 ou 3 boutons folliculaires, durs, incolores.

La desquamation commence par les pustules pour se propager plus tard à l'épiderme interpustulaire.

II.

Le 10 septembre, à 3 heures du soir, une goutte de teinture éthérée saturée est déposée vers le milieu de la face dorsale de l'avant-bras.

Le 11 au matin. Démangeaison assez vive, augmentée par le frottement de la manche ; rougeur parsemée de boutons (papules, vésico-pustules), occupant un espace deux ou trois fois plus grand que celui sur lequel la goutte de teinture a paru se répandre.

La plupart des boutons sont en relation avec les poils qui occupent rarement leur centre exact. Parfois un poil est situé sur le bord d'une pustule, laquelle grandissant contourne le poil qui devient central. S'il se trouve entre deux pustules, celles-ci tendent à se réunir, et le poil se trouve encore au centre.

Un thermomètre très-sensible posé sur l'éruption accuse 31°,35 ; sur l'autre bras sain, 31°,05, ce qui ne fait que 0°,30 en faveur de la partie éruptionnée. Ce résultat n'est pas en rapport avec la sensation de chaleur qui s'y fait sentir.

Le 12 au matin. Pas ou peu de démangeaison, mais on la fait reparaître par le frottement. La rougeur générale a en grande partie disparu ; elle ne se main-

tient plus qu'autour d'un certain nombre de pustules.

En examinant la relation des poils avec les boutons
(vésicules, pustules), on voit que :

le 1er cent. carré d'éruption a 13 poils, 13 bout., dont 1 sans contact immédiat
avec les poils.

le 2^e	—	12	—	19	—	4	—
le 3^e	—	14	—	8	—	2	—
le 4^e	—	10	—	11	—	3	—
le 5^e	—	15	—	11	—	1	—

Sur ces 5 centimètres carrés, on trouve 5 pustules
dont le centre est *exactement* occupé par un poil.

Le 13. Diminution de la rougeur restante ; sa localisation autour de quelques boutons qui vont en décli-
nant.

Ces expériences démontrent :

1° Que l'éther peut extraire des amandes *entières*
l'huile avec le principe âcre du croton ;

2° Que les boutons d'éruptions naissent ordinairement à la base des poils et quelquefois ailleurs ;

3° Que souvent le poil ne devient central à une
pustule que par la croissance de celle-ci ;

4° Qu'il y a des poils au centre de l'éruption sans
contact avec les boutons, et des boutons sans contact
avec les poils.

ACTION DE L'HUILE DE CROTON SUR LES ANIMAUX.

A l'extérieur, lorsqu'elle rencontre un terrain favo-
rable, l'huile de croton agit sur les animaux à peu
près de la même manière que sur l'homme.

L'action est nulle, médiocre ou énergique ; lente, prompte ou prolongée, selon la nature de la peau ou tégument externe.

Les mammifères poilus, ordinairement se grattent aussitôt que la démangeaison crotonique les y invite ; de sorte que, vingt-quatre heures après, on trouve des croûtes dans lesquelles se trouvent pris les poils. Après quelques jours, ceux-ci, dans leur pousse, les entraînent et les maintiennent ainsi en place quelque temps, quoique détachées de la peau.

Les *vertébrés à sang froid* ne paraissent pas se soucier beaucoup des sensations que donne un topique irritant, violent.

Les *reptiles écailleux* semblent même réfractaires à l'action éruptrice de l'huile de croton. Une petite quantité de ce médicament mis sur le dos, les paupières et même sur le globe oculaire d'un lézard, n'a rien produit d'apparent.

Chez les *reptiles nus,* au contraire, comme on devait s'y attendre, l'action est très-vive ; la mort peut s'ensuivre.

« En décembre 1863, une grosse salamandre terrestre, noire, longue de 15 centimètres, m'est apportée de Valognes. Son dos est orné de deux bandes longitudinales d'un beau jaune d'or. Elle paraît dans un état de santé parfait.

« Après quelques jours de repos dans une cuvette humide, recouverte incomplétement d'une plaque de verre, elle reçut, sur le côté droit de l'échine, une fraction de goutte d'*huile de croton.* Cédant à la pesanteur, ce liquide passe par-dessus la bande jaune droite, et gagne peu à peu le côté de l'abdomen.

« Quelques jours s'écoulent après lesquels une tache ou traînée blanchâtre indique la place où l'huile a été posée et le chemin qu'elle a parcouru. Elle mesure 2 centimètres de long sur 6 millimètres de large. Peu à peu la partie se tuméfie ; l'épiderme se désagrége ; le tissu sous-épidermique s'injecte de sang blanc. Une espèce de fausse membrane se forme entre la couche pigmentaire et l'épiderme, et qu'altère la vivacité de couleur de la première. Mais il est à remarquer que cette couche du pigment n'a pas été soulevée, ni même profondément altérée, si ce n'est dans deux ou trois points très-limités.

« En même temps, un dépérissement lent et continu se produit.

« A plusieurs reprises, on trouve près de la patiente des matières noirâtres semblables à des déjections intestinales, en grande partie composées de membranes formées de cellules épithéliales à noyau ; puis, enfin, la dépouille épidermique totale avec les membres et les doigts des pieds et *des mains* très-bien figurés.

« La salamandre avait *changé de peau*. Deux jours après ce changement, et trois semaines après l'application de l'huile, elle mourut.

« Pendant sa captivité, elle ne mangea pas ; mais ce n'est pas le défaut d'aliments qui causa sa mort, car elle pouvait vivre six mois et plus sans manger. »

La cuirasse qui protége les corps des crustacés et

des insectes les défend contre les atteintes de l'huile de croton.

Écrevisses, cloportes, hannetons, rhynchophores, mouches, etc., ont pu en recevoir sur les yeux, le thorax, l'abdomen et les membres, sans en être incommodés, sans que le système protecteur en soit altéré.

Mais, si l'huile atteint les stomates, elle peut déterminer une suffocation mortelle.

Le hanneton se prête facilement à cette expérience. Si un petit nombre de stomates se trouvent intéressées, ou que la quantité d'huile soit très-faible, il n'y a qu'une *dyspnée* passagère. On voit alors les mouvements respiratoires accélérés ; l'abdomen s'élève et se gonfle considérablement dans l'inspiration, s'abaisse et se dégonfle incomplétement pendant l'expiration.

Ces deux mouvements sont d'autant plus précipités que le patient est plus gêné. Lorsque la crise est passée, quelques heures après, l'animal mange comme auparavant. Tout corps gras à la vérité donnerait des résultats analogues, sinon aussi accusés.

Les hannetons ont reçu de l'huile de croton dans leur cloaque, sans que rien d'anormal ait été constaté à la suite.

Les *vers* ou *annelés apodes* représentent les insectes nus, si l'on peut s'exprimer ainsi. Nous devons donc, par analogie à ce qu'on vient de voir, être amené à prédire ce qui va se passer lorsqu'on les mettra en contact avec notre agent.

La sangsue, par sa forme aplatie et la facilité avec

laquelle on se la procure, est le sujet le plus convenable pour expérimenter.

« Le 20 janvier 1864, une sangsue non gorgée, pouvant se contracter *en olive*, bien portante en un mot, fut essuyée et placée dans un verre à parois humides, recouvert d'une toile ; à l'aide d'une buchette, taillée en pointe, une fraction d'huile de croton lui fut appliquée au milieu du dos, un peu en arrière : c'était à 3 heures du soir. Deux heures après rien d'apparent.

« Le lendemain matin, l'annélide fut trouvé étendu sans mouvement, avec l'apparence de la mort, baignant dans une eau sanguinolente. Le pénis est sorti, comme nous avons remarqué que cela arrive aux sangsues qui vont mourir ; les deux ventouses sont détendues. Par l'excitation, on peut arrriver à lui faire produire quelques mouvements involontaires.

« Maintenant, en examinant le dos, une tache blanche, peu étendue, indique la place où l'huile a été déposée. Par le lavage, cette tache épidermique s'enlève, et il n'y reste presque plus rien ; pas de tuméfaction locale.

« Ensuite, la sangsue fut lavée et placée dans l'eau fraîche ; à 6 heures du soir, on a pu encore lui faire exécuter quelques mouvements involontaires ; mais le matin suivant la mort était complète. »

LARVES DÉVELOPPÉES DANS UN DÉPÔT AQUEUX CONTENANT ENCORE DE L'HUILE DE CROTON.

Lorsqu'on retire l'huile par la presse, à l'aide d'un excès d'eau comme intermède, une partie de celle-ci chargée d'extractif d'albumine, etc., est entraînée avec l'huile. On l'en sépare par décantation. Le dépôt aqueux formé par cette eau, lorsqu'il est dans les conditions convenables, se met à fermenter.

Les mouches de la fermentation viennent y déposer leurs larves. C'est du moins ce que j'observai en juin 1862 dans un dépôt de ce genre. Il y avait un grand nombre de larves de tous les âges.

Des chrysalides se faisaient remarquer sur les parois du vase. Il est à remarquer que ce dépôt n'était pas entièrement dépourvu d'huile de croton.

ACTION DE L'HUILE DE CROTON SUR LES VÉGÉTAUX.

Comparés aux animaux, les végétaux offrent plus de résistance aux agents physico-chimiques et physiologiques. La simplicité générale de leur composition, l'écart moins considérable qui existe entre les forces végétales et les forces physiques, rend compte de ce résultat. Quoi qu'il en soit, le règne végétal n'est pas invulnérable pour l'huile de croton.

Le 28 janvier 1864, une pomme de terre présentant deux jeunes pousses blanches, A et B, fut choisie pour l'expérience.

Une fraction de goutte d'huile de croton fut placée sur la pomme de terre (le tubercule), une autre fraction fut déposée vers l'extrémité de la pousse A ; ensuite l'extrémité B reçut la même quantité d'amandes douces.

Deux jours après une coloration jaune-brune apparaît en A, mais il n'y a rien en B ni sur le tubercule.

Trois semaines après les huiles ne sont pas absorbées. En A la partie recouverte par l'huile est brune foncée, déprimée, la plupart des poils n'existent plus. En B sous l'huile d'amandes, il n'y a pas de dépression sensible mais une légère coloration jaunâtre. Il n'y a rien sur le tubercule.

Donc l'huile de croton, sans action sur le tubercule de la pomme de terre, creuse la partie de la jeune tige où elle est déposée en la colorant en brun foncé et en faisant tomber les poils.

Le principe âcre du croton ne met pas les graines à l'abri des atteintes des mucédinées : il ne se trouve pas dans le commerce un sac de graines de croton dont un grand nombre ne renferment des moisissures entre l'écorce et l'amande.

DÉVELOPPEMENT DE MUCÉDINÉES A LA SURFACE DE L'HUILE CROTONIQUE.

Des torulacées ont été observées sur de l'huile exposée à la cave et sur laquelle deux petits insectes tombés et restés à la surface servaient de point de départ à ces mucédinées. Le mycélium avait pénétré dans l'huile de l'épaisseur de 5 millimètres environ.

DÉVELOPPEMENT DE CONFERVES DANS L'HUILE DE CROTON.

Lorsque le flacon qui contient l'huile renferme une ou plusieurs gouttes d'eau (ce qui arrive quand il a été rincé avant d'être rempli), des conferves (ou des mycéliums de mucédinées) apparaissent au fond du vase et sur ses parois latérales.

A l'œil nu elles se présentent sous forme d'un dépôt floconneux libre au fond ou tapissant les côtés du vase. Le microscope y fait distinguer plusieurs espèces de conferves branchues, les unes d'un diamètre de $0^{mm},005$ environ ; les autres, plus grosses, atteignent le triple de cette dimension, terminée quelquefois en boule sporophorique.

Les cellules allongées qui forment cette dernière espèce tendent à présenter une dilatation ou bourgeon latéral qui m'a paru se souder quelquefois, après avoir donné deux ou trois cellules bout à bout, avec une conferve voisine.

Depuis j'ai pu constater des productions analogues dans la plupart des huiles et des eaux distillées. Probablement l'origine de ces végétaux est due aux spores contenues dans l'eau qui a servi à rincer les vases ou à celles que l'air peut y avoir transportées.

Les conferves diffèrent des mucédinées en ce que leurs cellules ont toujours un contenu granuleux très-apparent.

SAVON D'HUILE DE CROTON.

On le prépare en faisant réagir une partie de lessive de soude sur 2 parties d'huile de croton fraîche. L'opération se fait dans un pot de porcelaine à une température de 18 à 20 degrés. La lessive est versée peu à peu dans l'huile en agitant avec une petite tige de bois; l'agitation est ensuite continuée jusqu'à ce que le mélange se prenne en masse dure, alors on l'abandonne à lui-même pendant un mois. Il n'y a plus qu'à le conserver dans le pot qui a servi à le préparer, et qu'on a choisi muni d'un couvercle.

Préparé ainsi, ce savon est dur, cassant, d'un jaune terne plus ou moins foncé selon que l'huile employée était plus ou moins colorée, d'une odeur de savon et de croton mêlés, dans laquelle celle de savon domine. très-soluble dans l'eau, l'alcool, l'éther, la glycérine, le chloroforme, etc. Lorsque le savon est préparé à l'aide de la lessive de potasse, il est noir. demi-liquide, plus foncé, d'une odeur de savon de potasse, à peu près sans odeur de croton.

Le goût, l'action, les propriétés du savon sont ceux de l'huile affaiblie. 1 vol. d'éther agité avec un vol. de solution aqueuse de savon ou au cinquième perd 1 tiers. 3 vol. d'éther sont dissous dans 1 vol. de dissolution aqueuse de savon au cinquième.

La saponification fait entrer dans sa composition 1 tiers de son poids de matière étrangère, de sorte que 0 gr. 15 savon représentent 0 gr. 10 en huile employée.

De plus la réaction fait perdre à l'huile une partie de ses propriétés lorsqu'elle est devenue savon.

Il faut à peu près deux fois autant de savon que d'huile pour produire un effet donné à l'intérieur. (Voir 1re obs.)

A l'extérieur le savon est à peu près inactif. S'il ne produit pas d'effet, cela tient à la consistance; car dissous dans un liquide volatil il reprend son activité.

Ainsi : 3 gouttes d'une solution concentrée de savon de croton dans le chloroforme ont au bout de trois heures, produit de la démangeaison sur le bras, puis, sept heures après, 40 ou 50 boutons ou élevures qui occupent une surface triple de celle imbibée primitivement par les 3 gouttes. L'éruption malgré cela était peu intense; il n'y avait pas d'enflure et la guérison fut prompte.

ANALYSE DE LA GRAINE DE CROTON.

Comme l'amande renferme seule un certain nombre d'éléments, il est important de connaître la relation pondérale qui existe entre elle et l'écorce.

Dans une graine bien conformée et saine, l'amande entre pour les 3 quarts et l'écorce pour l'autre quart. Ce rapport n'est jamais atteint lorsqu'on agit sur des graines *tout venant*, dont un nombre plus ou moins grand sont vides ou renferment une amande diminuée ou altérée. De plus des corps étrangers, pédoncules, débris végétaux, pierres ferrugineuses, occasionnent un déchet important quand on opère sur des balles de graines.

Voici quelques exemples du rendement en amande de quelques échantillons de graines de croton.

1°	Amandes......................	600
	Écorces......................	288
	Déchet.......................	112
2°	Amandes......................	670
	Écorces	330
3°	Amandes......................	700
	Écorces......................	300
4°	Amandes......................	720
	Écorces......................	280

En séparant l'écorce de l'amande, celle-ci entraîne avec elle la plus grande partie de la membranne interne.

100 grammes de graines de croton ont donné :

30 gr. écorces. Extrait aqueux.................... 00,92

Chlorophylle, cire
Matière cireuse âcre } 00,10

Oléo-résine. {
1° Résine âcre neutre ou peu acide..... 00,30
2° Huile volatile âcre très-acide....... 00,16
}

Cellules, fibres. {
1° Parties combustibles.......... 27,77
2° Sels fixes..... 00,75
}

30,00

		Report.....	30,00
70 gr. amandes.	Huile............... Stéarine (crotonarine)	....	36,00
	Résine très-âcre................		1,80
	Huile essentielle âcre...........		0,20
	Extractif, matière fermentescible, sels solubles		1,00
	Albumine sèche...............		1,15
	Matière gélatineuse azotée sèche..		0,37
	Grains amyloïdes, cellules, non entièrement privés d'albumine.	1° Parties combustibles...	22,60
		2° Sels fixes...	0,81
	Eau.......................		3,90
	Perte......................		2,17
			100,00

Cette analyse laisse à désirer; nous la donnons provisoirement, nous proposant de la reprendre plus tard.

Par la distillation avec la chaux et le carbonate de soude, il n'a été recueilli aucune trace d'alcaloïde volatil.

La poussière de croton a donné 1 vingtième de son poids de résine très-âcre, de la chlorophylle et de la cire.

L'extrait aqueux des écorces de croton ne présente rien de particulier. Sec, il est peu hygrométrique, et, en le manipulant, les narines perçoivent une très-légère ardeur crotonique, due à une minime quantité de matière âcre, qui aura été dissoute ou entraînée à travers les pores du filtre.

La chlorophylle est enlevée par l'éther des écorces déjà traitées par l'alcool. L'éther, évaporé, laisse une matière cireuse verte. L'alcool fort enlève la chlorophylle en se colorant en vert et en laissant un résidu blanc (cire). La teinture de chlorophylle communique une teinte rouge au cône lumineux dirigé sur sa surface.

Une certaine quantité de matière cireuse se sépare à la fin de la distillation de la teinture hydralcoolique du croton. Elle est noirâtre, chargée d'impuretés et même de parties minérales enlevées par l'alcool, très-peu soluble dans l'alcool, l'éther, plus soluble dans le chloroforme dans lequel elle laisse les corps étrangers.

L'oléo-résine, retirée des écorces par l'alcool à 90, est à peu près liquide et contient une grande quantité d'huile volatile âcre, qui en est séparée par la distillation avec l'eau.

La résine a les mêmes propriétés âcres et éruptrices que celle extraite des amandes de croton, une dissolution alcoolique au vingtième produit une éruption assez vive.

L'huile essentielle brune, à la dose de 1 fraction de centigramme sur le bras, a fait lever 5 ou 6 papules, c'est la forme de l'huile de croton ; elle paraît fournie spécialement par le testa.

Le testa contient de la silice qui *use* promptement l'instrument tranchant. Les cendres de l'écorce ont une coloration semblable à celle de l'écorce en poudre.

L'huile ayant déjà été étudiée plus haut, nous ne reviendrons pas sur ses caractères.

Dans l'amande elle tient en dissolution de la résine, de l'huile essentielle, et la matière stéariforme en totalité ou en partie.

Le parenchyme, entièrement privé d'huile (par l'éther, par exemple), ne retient plus aucun de ces éléments, et l'huile retirée par ce véhicule n'est pas plus active que celle par expression.

Après l'éther, l'alcool ne trouve plus rien à prendre et passe dans la poudre épuisée sans se colorer sensiblement.

Les graines munies de leurs écorces donnent une huile un peu plus active, surtout par l'emploi des dissolvants, ou si l'on fait séjourner l'huile dans la graine pulvérisée, avant de la soumettre à la presse.

La résine de l'écorce dissoute en plus ou moins grande quantité rend compte de ce résultat.

L'huile de croton, agitée avec l'hydralcool à 56°, lui cède une partie de sa résine, de son huile essentielle. Cette opération, répétée un assez nombre de fois, finit par le dépouiller à peu près de toutes ses propriétés.

L'alcool à 90° ou au-dessus dissout une certaine quantité d'huile dont la densité et la consistance sont beaucoup plus grandes que celles de l'huile ordinaire, qualités dues à l'excès qu'elle contient.

L'huile de croton rougit le tournesol ; chauffée à 250° elle est encore très-âcre.

Matière grasse solide, stéarine des auteurs, matière

stéariforme qu'on pourrait appeler *crotonarine*, pour la distinguer, en même temps pour la rapprocher de la stéarine, de la margarine.

L'hiver elle se précipite au fond des flacons d'huile de croton où elle forme une couche blanchâtre, bourbeuse ou grenue. La précipitation commence à se faire à $+ 12°$ à $— 2°$ centigr. On met à profit cette propriété pour l'extraction de la stéarine crotonique. Ainsi séparée par la congélation, puis égouttée, on la comprime ensuite dans du papier non collé qui absorbe l'huile.

On la redissout dans l'alcool à 90° bouillant, qui la laisse précipiter par le refroidissement.

Au microscope, la crotonarine apparaît sous forme d'aiguilles réunies en faisceaux ou en *queues de renard*.

Elle fond à 65°, mais, après un quart d'heure de séjour dans l'eau chaude (60 à 100°), elle éprouve un changement moléculaire remarquable; son point de fusion monte au-dessus de 100°.

La stéarine de croton est insipide, inodore, plus légère que l'eau, insoluble dans l'alcool froid, soluble dans l'alcool chaud, l'éther, le sulfure de carbone, etc.

La résine de croton, telle qu'elle est extraite des graines munies de leurs écorces, est une matière brune ou noirâtre à reflet verdâtre; transparente et jaunâtre quand elle est examinée à contre-jour à l'état de tranche mince. Elle contient de la chlorophylle provenant de l'épitesta. Extraite des amandes ou de l'huile de croton modérément colorée, elle est d'un jaune plus ou moins foncé, plus ou moins clair, donnant par sa dissolution alcoolique précipitée par l'eau une émulsion blanche qui peu à peu laisse déposer la résine sous forme d'une poudre blanche.

Sa densité est 1050 environ ; sa réaction est neutre ou peu acide ; elle ne se décompose dans l'huile qu'à une température très-élevée.

Pour extraire la résine, on commence par épuiser la poudre de croton par l'eau distillée en lixiviation intermittente, jusqu'à ce que ce liquide passe incolore ; puis par l'hydralcool à 56°, jusqu'à ce que la même incoloration s'observe. Le liquide hydralcoolique résultant de la seconde partie de l'opération est filtré puis distillé aux 5 sixièmes ; il n'y a plus qu'à séparer la résine qui s'est séparée du résidu aqueux de la distillation, et qu'on purifie par le sulfure de carbone.

Le produit qu'on obtient par la distillation ou l'évaporation à chaud de la teinture hydralcoolique est dur et cassant par l'évaporation spontanée, demi-liquide et poisseux ; il contient de l'huile essentielle.

Lorsque la résine est complétement sèche, vient-on à la gratter de manière à former de la poudre, elle prend au nez à la manière de la poussière de croton.

Une dissolution alcoolique au quarantième donne un liquide d'une âcreté excessive, qui à la dose de 1 tiers de goutte a déterminé sur le bras la formation de 7 ou 8 papules.

La résine extraite des écorces seules est plus molle, plus brune, elle contient de la chlorophylle unie à de la cire. Sa dissolution donne un liquide fluorescent ou verdâtre sale.

A l'état solide, un fragment de résine placé dans la bouche peut y séjourner quelque temps sans déterminer d'ardeur ; la sensation qu'on perçoit à la longue est faible, relativement à une solution au quarantième.

Cette solution ne rougit pas le tournesol.

L'huile essentielle de croton n'avait été que soupçonnée jusqu'ici, nous croyons avoir démontré son existence.

Par la distillation fractionnée de la teinture hydralcoolique de graines de croton non mondées on recueille à la fin, dans le récipient, une liqueur laiteuse dont la surface est parsemée de gouttelettes d'apparence huileuse, d'une densité inférieure à 920 degrés, à peu près incolores, solubles dans l'alcool, l'éther, les huiles, etc. Elles ont l'odeur de l'eau distillée de croton, elles sont volatiles.

Cette huile essentielle nous a paru douée d'une âcreté bien inférieure à celle de l'huile de croton ou même à celle d'une solution au quarantième de la résine crotonique sèche restée dans la cornue.

Également, la teinture (alcool à 90 degrés) d'écorces de graines de croton a laissé dans la cornue une résine molle ou plutôt liquide, laquelle, distillée avec cent fois son volume d'eau, produit une eau distillée laiteuse très-chargée. A la surface de cette eau on peut recueillir très-facilement une grande quantité d'une huile volatile très-brune, très-acre, et jouissant d'un pouvoir érupteur considérable (1 dixième de goutte a fait lever le lendemain 5 ou 6 papules ; étendue d'alcool au quarantième ; 1 dixième de goutte n'a pas produit de papules. Sa densité (922 degrés) est bien inférieure à celle de l'huile de croton et supérieure à celle de l'huile volatile incolore, sa solubilité dans l'alcool est très-grande ; sur le papier elle forme une tache huileuse qui, séchée à la chaleur, laisse une coloration jaunâtre après la volatilisation de l'huile essentielle. Elle est très-acide ; neutralisée par l'ammoniaque et exposée à l'air libre, la base s'évapore et laisse l'huile volatile toujours très-acide ; elle se solidifie par la magnésie, la lessive de potasse ou de soude, par combinaison chimique.

En distillant avec 4 ou 5 fois son poids d'eau l'huile de croton obtenue des graines mondées de leurs écorces, on obtient dans le récipient une eau laiteuse dont la surface est couverte de petites gouttelettes huileuses, un peu jaunâtres, de la même densité à peu près que l'huile essentielle précédente. Elle est bien moins colorée que celle obtenue de l'oléo-résine de l'écorce. Après l'évaporation complète de l'eau qui avait été introduite dans la cornue avec l'huile, si l'on continue à chauffer celle-ci jusqu'à la température de 200 ou 250 degrés, une vapeur blanche incoercible (une fumée) passe dans le récipient. Elle est de composition complexe et due à la décomposition des éléments de l'huile. Son odeur rappelle celle d'huile chauffée en même temps que celle de l'essence de croton.

L'eau distillée de croton présente une réaction acide due à la présence de l'essence.

L'huile très-brune obtenue par expression des graines de croton non mondées, pulvérisées depuis quelque temps, rougit fortement le tournesol sans que son activité paraisse plus grande.

La teinture saturée de graines de croton produit la même réaction.

. Une huile très-vieille, datant de huit ans, nous a donné une réaction acide relativement faible.

L'amande de croton écrasée sur le papier de tournesol le rougit. Nous pensons, en conséquence, que la principale cause de la réaction acide de l'huile provient de l'huile essentielle, sans nier la coopération des acides gras contenus dans les huiles provenant de graines vieilles.

L'*extractif* des amandes de croton est brun, à peu près privé d'âcreté, un peu déliquescent à cause des sels qu'il contient ; mou, il acquiert une odeur *albumineuse* analogue à celle de l'extrait de seigle ergoté.

La *matière fermentescible* ou saccharine n'a pas été isolée, mais elle est démontrée : 1° par la fermentation carbonique éprouvée par l'infusion d'amandes de croton ; 2° par le pouvoir réducteur considérable que possède cette liqueur sur les sels de cuivre en présence de la potasse (la liqueur de Fehling, par exemple).

Nous n'avons pas isolé la gomme qui a été signalée dans la graine de croton.

L'albumine crotonique bien purifiée et sèche est

d'une blancheur éclatante, coagulable par la chaleur, l'acide azotique, l'alcool ; son extraction est facile.

La matière gélatineuse azotée sèche est jaunâtre. Sa solution dans l'eau n'est pas coagulable par la chaleur ni les acides, mais l'alcool la précipite. On pourrait la confondre avec la gomme si l'on n'y regardait de près.

Une solution concentrée à chaud se prend en gelée par le refroidissement, et se redissout par l'addition d'une quantité d'eau suffisante.

Les grains amyloïdes déjà étudiés plus haut conservent, malgré tous les traitements, une certaine quantité de matière albumineuse, insoluble ou indissoute, qui, au contact de l'humidité, se décompose en donnant une odeur sulfureuse puis ammoniacale.

Les grains amyloïdes se séparent des débris de cellules en malaxant dans un sac, à l'aide de l'eau, le parenchyme de l'amande pulvérisé et privé d'huile ; de temps en temps on ajoute de nouvelle eau, à mesure que ce liquide s'écoule. Le sac en toile fine laisse passer les grains amyloïdes, quelques particules de cellules, et retient la masse cellulaire. On agit, du reste, comme pour l'amidon.

CURCAS PURGANS.

Jatropha curcas, curcas purgans, sont les noms sous lesquels les botanistes ont désigné la plante qui produit la graine sujet de cette petite étude.

Le commerce qui ne connaît du curcas que les graines, les a comparées à celles du pin à pignons, et rappelant les pays d'où il le tirait, il les nomma *pignon d'Inde*, *pignon des Barbades*, et *grand pignon d'Inde*, pour le distinguer du croton tiglium qui est aussi appelé *petit pignon d'Inde*.

En visitant l'intéressante exposition permanente de l'Algérie et des colonies, on aperçoit de nombreux échantillons de curcas provenant de la Martinique, du Gabon, de Bourbon, de Sainte-Marie, de Madagascar, de Mayotte, et de Nossi-Bé. Quelques graines conservent encore une partie de la capsule blanchâtre triloculaire qui les renfermait. On ne rencontre pas ces variations dans le volume et les nuances que nous offrent les ricins.

Toutes, lorsqu'elles sont intactes, sont noirâtres, gercées, sur un fond roux. C'est la couche profonde de l'épiderme (*épitesta*) qui a cette dernière nuance, et qui fait paraître les graines couleur d'amadou lorsque la couche superficielle noirâtre a été enlevée par le frottement.

Elles sont d'une forme ovalaire allongée, cambrées, aplaties (pour plus de détails, voir le tableau des caractères qui distinguent le croton du ricin et du curcas.

De la même famille que le croton tiglium, la graine du curcas a les principaux caractères de sa congénère.

On rencontre du dehors au dedans : 1° l'écorce, qui comprend l'*épitesta* ou épiderme, dont la couche externe est noirâtre, et la couche interne rousse ; le *testa* qui est résistant, brun-roux ; la *membrane interne*, qui devrait être rangée avec l'amande, car elle lui est adhérente, ce qui la distingue du croton où elle ne l'est pas, ou que peu.

2° L'amande, qui comprend l'*albumen* ou sac embryonnaire devenu charnu ; l'*embryon* à cotylédons foliacés, à radicule tournée en haut vers le micropyle et le hile.

L'écorce ne contient aucune partie huileuse ; elle ne produit pas d'âcreté dans la bouche.

L'amande renferme une huile fade, nauséabonde, mais ne jouissant pas de l'âcreté poivrée crotonique ; au microscope, ce liquide apparaît contenu dans des cellules, accompagné de grains *amyloïdes*, analogues à ceux du croton.

Extraction de l'huile de *curcas purgans*.

L'huile que contient la graine en est extractible par les procédés décrits pour l'huile de croton, excepté ceux qui reposent sur la solubilité de l'huile dans l'alcool, l'esprit de bois, etc. Son insolubilité dans ces liquides rend compte de cette exception.

Celle que nous avons, nous l'avons extraite par

simple expression de graines mondées et moulues. Assez fluide, moins colorée que l'huile d'amandes, un peu verdâtre, peu fluorescente, plus siccative que l'huile de ricin ; elle a une odeur *euphorbiacée* particulière, se rapprochant peut-être un peu de celle de l'huile de croton, et surtout manifeste quand elle se répand sur du papier. Sa densité, d'environ 921 à + 15°, se place entre celle d'amandes douces et celle d'œillette. Aussi une goutte (colorée par l'orcanette pour suivre l'expérience) gagne le fond dans la première huile, et surnage la seconde.

Cet hiver (1863-64), placée dans une armoire où il a fait un froid de + 8° et au-dessus, elle a déposé abondamment de la matière stéariforme qui ne s'est pas redissoute malgré une température de + 15° continuée pendant quinze jours. Elle est insoluble dans l'alcool, mais lui cédant de l'odeur et une matière blanche, floconneuse par sa précipitation par l'eau ; dissolvant un peu d'alcool ($^1/_{20}$) ; soluble en toute proportion dans l'éther.

ESSAIS SUR L'ACTION PURGATIVE DE L'HUILE DE CURCAS.

N'ayant pu nous procurer aucune donnée certaine sur la puissance de ce drastique, nous avons dû, pour la déterminer, procéder par essais progressifs.

I.

27 juin 1863. A 3 heures 50 m. du matin, 3 gouttes d'huile de curcas furent prises sur un morceau de sucre humecté.

En le triturant sous les dents, on perçut un goût fade, très-légèrement nauséabond, sans âcreté, ni chaleur ; après l'ingestion, ce goût se prononça davantage en s'étendant à l'arrière-gorge.

A 4 heures 10 m. l'estomac accusa du dégoût qui ne disparut qu'en mangeant à 6 heures.

Il n'y eut aucun dérangement de corps subséquent.

II.

11 juillet 1863. 10 grosses gouttes de la même huile, pesant 0 gr. 40, sont ingérées à l'aide de 8 gr. de sirop de sucre. Le même goût fade se fait sentir ; dégoût, mais pas d'âcreté ni de chaleur. Il a bien quelque analogie avec celui de l'huile de ricin ou de l'huile de croton, étendue de 50 parties d'huile d'amandes.

III.

2 août, à 9 h. L'expérimentateur prend 25 gouttes d'huile de curcas à l'aide de 20 grammes de sirop d'orgeat et 50 grammes d'eau ; le palais fut moins désagréablement affecté que lors de l'ingestion des 3 gouttes de la première expérience.

Une heure après on dîna.

Deux heures après, il eut quelques mouvements intestinaux, mais sans douleur, ni effet purgatif.

IV.

1ᵉʳ septembre. Ingestion de 51 gouttes ou 2 grammes ; telle est la dose à laquelle il fallut arriver pour obtenir un effet notable.

Il était 8 h. 20 m. du matin ; à 9 h. 45 m., coliques ; à 11 heures, vomissement ; à 11 heures $^1/_2$, première selle peu abondante, suivie d'une autre une demi-heure après.

A l'extérieur, notre huile de curcas ne détermina pas d'éruption ni de *tuméfaction*.

———

Nous terminons en empruntant à *la Patrie* du 16 juin 1864 le fait suivant, que nous donnons sans commentaire, y signalant seulement la *dilatation de la pupille.*

Les journaux de Londres racontent un cas d'empoisonnement qui a mis en danger la vie de trente-trois personnes. Dans une vente publique d'objets oubliés en chemin de fer et non réclamés figurait une certaine quantité de noix appelés *jatropha*, fruits agréables au goût, mais vénéneux. Plusieurs employés à la vente prirent de ces noix, en mangèrent et en régalèrent des personnes de leur connaissance. Les symptômes de l'empoisonnement ne tardèrent pas à se manifester. Tous avaient la pupille extraordinairement dilatée, le visage très-pâle. Ils éprouvèrent les uns des nausées et des vomissements, les autres un affaissement général. Il fallut les transporter à l'hôpital le plus voisin. Des soins énergiques produisirent un mieux sensible. Néanmoins, il fallut mettre au lit vingt individus. Les treize autres furent renvoyés après le traitement, dont on leur indiqua la suite. Ils purent ainsi retourner chez eux le même jour. Quant aux malades alités, on espère les sauver tous; mais ce sera à force de soins. La noix qui a causé ces ravages est employée dans l'industrie. On en extrait une huile.